# 供配电技术
# 理实一体化教程

张秀华　编著

北京理工大学出版社
BEIJING INSTITUTE OF TECHNOLOGY PRESS

图书在版编目（CIP）数据

供配电技术理实一体化教程 / 张秀华编著. —北京：北京理工大学出版社，2019.1（2019.2重印）

ISBN 978-7-5682-6663-5

Ⅰ. ①供… Ⅱ. ①张… Ⅲ. ①供电系统-教材 ②配电系统-教材 Ⅳ. ①TM72

中国版本图书馆 CIP 数据核字（2019）第 013919 号

出版发行 / 北京理工大学出版社有限责任公司
社　　址 / 北京市海淀区中关村南大街 5 号
邮　　编 / 100081
电　　话 /（010）68914775（总编室）
（010）82562903（教材售后服务热线）
（010）68948351（其他图书服务热线）
网　　址 / http://www.bitpress.com.cn
经　　销 / 全国各地新华书店
印　　刷 / 三河市天利华印刷装订有限公司
开　　本 / 787 毫米×1092 毫米 1/16
印　　张 / 10.5
字　　数 / 250 千字
版　　次 / 2019 年 1 月第 1 版 2019 年 2 月第 2 次印刷
定　　价 / 35.00 元

责任编辑 / 李志敏
文案编辑 / 李志敏
责任校对 / 周瑞红
责任印制 / 施胜娟

# 前言

供配电技术是一门实践性很强的课程，为了加强学生对供配电技术的感性认识，在教学中应充分利用实习实训基地、多媒体等教学手段。本书在编写过程中，针对高等职业教育教学改革的方向及电类专业教学改革的要求，结合本课程实践性强的特点，在内容上力求体现高职教育理念，注重对学生应用能力和实践能力的培养，以适应电类各专业的需要，同时也便于工程技术人员参考。

本书主要内容包括：供配电安全常识，常用电气设备认识及安装，供配电系统的运行，供配电系统继电保护、供配电系统的二次回路与自动装置、PLC 在供配电系统保护控制中的应用等。

全书共计 56 学时，由山东工业职业学院张秀华负责编写。本书受山东省职业教育教学改革研究项目（2017571）资助，在此一并表示感谢。

本书配备了电子课件及教学视频资料，请广大读者在山东工业职业学院清华在线教学平台的网站上（http://60.210.112.94:82）上下载使用。

限于作者水平，书中难免有缺点和错误，恳请读者批评指正。

为了加强安全生产工作，防止和减少生产安全事故，保障人民群众生命和财产安全，促进经济社会持续健康发展，国家法律规定：生产经营单位应当在有较大危险因素的生产经营场所和有关设施、设备上，设置明显的安全警示标志。安全标志作为安全管理的重要手段，在安全管理和行为控制中起着重要的作用。

## 1.1 安全标志

安全标志是一种通过颜色与几何形状的组合表达通用的安全信息，并且通过附加图形符号表达特定安全信息的标志。

安全标志由几何形状、安全色、对比色和图形符号色组成。

安全标志包括禁止标志、指令标志、警告标志和提示标志四种类型，用于传递与安全及健康有关的信息，其用途是使人们迅速地注意到影响安全和健康的对象和场所，并使特定信息得到迅速理解。为进一步清楚表达安全信息，每一种安全标志还必须使用带有文字的辅助标志，用以对安全标志上图形符号的含义进行补充和说明。

GB/T 29481—2013《电气安全标志》作为专门用于电气设备应用场所（包括生产场所、公共场所等）进行安全防护提示的国家标准，对带电场所的安全标志进行了全面规定和分类，具有使用规则统一、规范，能够极其方便地指导场所人员预防电气事故，传递危险信息和安全疏导的作用。

### 1.1.1 禁止标志

禁止标志的含义是禁止人们的不安全行为。其几何形状是带斜杠的圆形，安全色是红色，对比色是白色，图形符号色是黑色，常用禁止标志如表 1–1 所示。

**表 1–1　常用禁止标志**

| 序号 | 禁止标志 | 含义 | 设置范围 | 设置地点 |
|---|---|---|---|---|
| 1 | 禁止合闸 | 禁止合闸 | 设备、设施安装、接线或检修作业，电气线路停车检修等 | 设置在相应的开关处 |
| 2 | 禁止启动 | 禁止启动 | 消防设施或灭火机械的启动按钮，正在进行检修设备的启动按钮，各种紧急停车的启动按钮（如生产流水线的整体转动设备的安全装置，升降机的紧急停车）等 | 设置在设备按钮、开关、手柄上方，及禁止人们触动的部位 |
| 3 | 禁止烟火 | 禁止烟火 | 根据 GB 50016—2014《建筑设计防火规范》火灾危险性分类的划分属乙、丙类物质的场所，如生产、储存、使用化学危险物质或易燃易爆物质的厂房、车间、仓库、装卸区；油漆、木制品、沥青、纺织、纸制品作业等车间；加油站、乙炔站、变配电站、油浸变压器室；油品作业的汽车修理、燃油燃气锅炉房等 | 设置在仓库、车间、易燃场所的内外，或设备、设施上（旁） |
| 4 | 禁止攀登 | 禁止攀登 | 有坍塌危险的建筑和设备；已损坏和不牢固的登高设施；高压线铁塔；运行的变压器梯和有登高可能坠落的场所及无登高设施的地方 | 设置在攀登梯子的扶手处或护栏上，等高点的下方 |
| 5 | 禁止带火种 | 禁止带火种 | 根据 GB 50016—2014《建筑设计防火规范》火灾危险性分类的划分，存储甲类物质的场所，如易燃易爆物质仓库、油库、电石库；氢气站、炼油厂、伐木场、林区、草场、煤矿井区；属于甲类火灾危险的生产场所及标有禁止火种的各种危险场所 | 设置在库、室入口处及防火距离之内 |

续表

| 序号 | 禁止标志 | 含义 | 设置范围 | 设置地点 |
|---|---|---|---|---|
| 6 | 禁 止 跨 越 | 禁止跨越 | 冷热轧钢轨道运输线及物料皮带运输线和其他作业流水线可能跨越的地点；有沟、坑的地段，有地下池、槽的非跨越区；堆有热态铸件、锻件的场所；码头与靠岸船之间 | 设置在非跨越区或已发生跨越危险的地点；或设置在沟、坑的两端前面或附近 |
| 7 | 禁 止 跳 下 | 禁止跳下 | 有槽池的场所，如水塔的水池、酸洗槽、盛装过有毒、易产生窒息气体的槽车、贮罐、地窖；有地坑的场所，如试验坑、铁水包坑、沙坑等；高处作业及用梯子检修的场所；地铁、车站站台等 | 设置在槽池、坑口附近和作业场所的脚手架通道处 |
| 8 | 禁 止 乘 人 | 禁止乘人 | 室外运输吊篮，外操作载货电梯及升降机，基建施工工地吊货吊篮 | 设置在梯口、提升机入口或吊篮框架上 |
| 9 | 禁止戴手套 | 禁止戴手套 | 所有车床、钻床、铣床、磨床等旋转机床和旋转机械的作业场所 | 设置在操作人员易看到的醒目处 |
| 10 | 禁 止 开 启 无 线 移 动 通 信 设 备 | 禁止开启无线移动通信设备 | 在火灾、爆炸场所以及可能产生电磁干扰的场所，如加油站、飞行中的航天器、油库、化工装置区等 | 设置在可能因电磁干扰产生火灾、爆炸场所的入口处；对电磁信号敏感场所的入口处 |

续表

| 序号 | 禁止标志 | 含义 | 设置范围 | 设置地点 |
|---|---|---|---|---|
| 11 | 禁止用水灭火 | 禁止用水灭火 | 根据 GB 12268—2012《危险货物品名表》规定，凡遇湿易燃品、比重小于 1 且不溶于水的易燃液体、氧化剂中的金属过氧化物、部分酸类腐蚀物品，以及着火时禁止用水熄灭的物质及其储存和作业场所，如变配电所（室）、变压器室、乙炔站、电石库、油库、化学药品库，钠、钾、镁等碱金属存放处，高温炉渣堆放处，及精密仪器仪表、设备等 | 设置在场所的入口处或醒目处，库、室内外和设备区域内及作业区内 |
| 12 | 禁 止 触 摸<br>禁 止 触 摸 | 禁止触摸 | 外露旋转体、裸露带电体，非紧急情况下不可使用的紧急按钮；有毒、有害物质进行深加工的场所，如酸洗、电镀专业；锻造、冶炼、浇注、热处理等车间的热件堆放处 | 设置在有毒、有害物质的堆放处，以及禁止触摸的器件旁 |

### 1.1.2 指令标志

指令标志的含义是强制人们必须做出某些动作或采取防范措施。其几何形状是圆形，安全色是蓝色，对比色是白色，图形符号色是白色，常用指令标志如表 1－2 所示。

**表 1－2 常用指令标志**

| 序号 | 指令标志 | 含义 | 设置范围 | 设置地点 |
|---|---|---|---|---|
| 1 | 必 须 接 地 | 必须接地 | 需要有防雷、防静电的场所 | 设置在防雷、防静电设施的醒目处 |

续表

| 序号 | 指令标志 | 含义 | 设置范围 | 设置地点 |
| --- | --- | --- | --- | --- |
| 2 | 机壳接地 | 机壳接地 | 将设备的金属外壳与大地相连，防止用电设备出现故障时外壳带电，在人体触及金属外壳时保证人身安全 | 设置在电气设备的金属外壳上 |
| 3 | 等电位 | 等电位 | 使不同的电气设备的漏电电位相同，避免电位差对人体的触电危害 | 设置在等电位体上 |
| 4 | 必须戴安全帽 | 必须戴安全帽 | 头部可能受外力伤害的作业区，如建筑施工工地、起重吊运、指挥挂钩、坑井和其他地下作业处；钢铁厂、石化厂、电力、造船以及有起重设备的车间、厂房等处 | 设置在作业区入口处 |
| 5 | 必须系安全带 | 必须系安全带 | 有坠落危险的作业场所，如高处建筑、修理、安装等作业区，船台、船坞、码头及一切 2 m 以上的高处作业场所 | 设置在登高脚手架扶梯旁 |
| 6 | 必须戴防护眼镜 | 必须戴防护眼镜 | 对眼睛有伤害的作业场所，如抛光间、冶炼浇注、清砂混砂、气割、焊接、锻工、热处理、酸洗电镀、加料、出灰、电渣重熔、破碎、爆破等场所 | 设置在场所入口处或附近 |

续表

| 序号 | 指令标志 | 含义 | 设置范围 | 设置地点 |
| --- | --- | --- | --- | --- |
| 7 | 必须戴防护手套 | 必须戴防护手套 | 接触毒品、腐蚀品、灼烫、冰冻及有触电危险的场所，如酸洗、电镀、油漆、热处理、焊接、操作高压开关的试验室（站）、变配电所（室）及使用电动工具和棱角快口件的搬运等作业场所 | 设置在作业场所附近或设备设施上 |
| 8 | 必须穿防护鞋 | 必须穿防护鞋 | 会因酸洗、灼烫、触电、砸（刺）伤到脚部的作业场所，如酸洗、电镀、水加工、水力清砂、水管敷设修理、污水废油处理站、乙炔站、变配电所（室）、试验站（室），冶炼、铸、锻场所，涂装、气割、焊接、电器安装及维修施工工地，机床切削、角料的生产、整理、清理及碎料废钢铁料场（仓库）等 | 设置在作业场所内外 |
| 9 | 必须穿防护服 | 必须穿防护服 | 具有放射、微波、高温及其他需要穿防护服的场所 | 设置在作业场所内外 |
| 10 | 必须拔出插头 | 必须拔出插头 | 检修、故障排除、长期停用的设备，无人值守状态下的电气设备 | 设置在设备电源开关的操作手柄上或电源插头上 |
| 11 | 必须戴防护镜 | 必须戴防护镜 | 存在紫外、红外、激光等光辐射的场所，如电气焊等 | 设置在作业场所内外 |

### 1.1.3 警告标志

警告标志的含义是提醒人们对周围环境引起注意，以避免可能发生的危险。其几何形状是圆角的等边三角形，安全色是黄色，对比色是黑色，图形符号色是黑色，常用警告标志如表 1－3 所示。

表 1－3 常用警告标志

| 序号 | 警告标志 | 含义 | 设置范围 | 设置地点 |
| --- | --- | --- | --- | --- |
| 1 | 注意安全 | 注意安全 | 凡易发生危险的地段、地区，如主要路口、道口、港口、码头、车辆通过频繁的拐弯处及事故多发地区（地段）、车辆行人较多的厂内道路；易发生危险的作业场所，如高处作业、试验场地、地铁施工、地下泵房、深挖坑井、抢修等；一个标志不能包括一个地点的多个危险因素或没有合适的标志针对此危险因素时，也可使用此标志 | 设置在危险区域附近或主要入口 |
| 2 | 当心触电 | 当心触电 | 有可能导致触电危险的电气线路、电气设备，如变压器、高压开关、电气动力箱、手持电动工具等处；外露易碰的带电设备和导线，机床配电箱处；基建施工工地临时电气线路及配电箱等 | 设置在箱、柜、开关及设备设施附近或场所入口处 |
| 3 | 当心烫伤 | 当心烫伤 | 熔融金属的吊运和浇注、熔化沥青、高压蒸汽、电焊气割、高温物料、冶炼操作场所、热处理车间，其他有热源的操作场所等 | 设置在作业区醒目处 |
| 4 | 当心表面高温 | 当心表面高温 | 有烧烫物体表面的场所 | 设置在作业场所的醒目处 |
| 5 | 当心电离辐射 | 当心电离辐射 | 使用 X 射线探伤、$\gamma$ 射线液位测量、探伤拍片等有电离辐射危害的作业场所 | 设置在作业场所内或门口 |

续表

| 序号 | 警告标志 | 含义 | 设置范围 | 设置地点 |
| --- | --- | --- | --- | --- |
| 6 | 当心激光 | 当心激光 | 凡使用激光设备和激光仪器的作业场所 | 设置在作业场所内或入口处 |
| 7 | 当心微波 | 当心微波 | 利用微波进行金属热处理、介质热加工、辐射聚合、无损探伤、制作永久性发光涂料等作业场所 | 设置在设备上或岗位附近和其作业场所 |
| 8 | UV<br>当心紫外线辐射 | 当心紫外线辐射 | 使用紫外线消毒场所，染料、涂料固化场所，紫外化学分析场所等 | 设置在作业场所内或门口 |
| 9 | 当心坑洞 | 当心坑洞 | 有坑洞的作业场所，如试验坑、吊装孔洞、预留孔洞、砂坑、新挖的坑、铁水浇包坑、小型电炉出钢渣槽、电缆沟进出线处、排水阴沟井、集水井 | 设置在坑洞周围 |
| 10 | 当心腐蚀 | 当心腐蚀 | 根据 GB 12268—2012《危险货物品名表》的划分类别，属腐蚀物质的生产、储存、运输的操作岗位及场所；热处理、电镀、化学实验室、烧碱强酸存放处、钢铁酸洗脱脂车间、毒品、腐蚀品仓库和其他腐蚀性作业的场所 | 设置在库、室入口处及室内，或场所的醒目处 |
| 11 | 当心跌落 | 当心跌落 | 建筑工地脚手架、高层平台；有可能坠落的临时性高空作业，如爬高、架空管线的敷设检修、电梯修理、新开挖的孔洞等处；有可能坠落的地点，如地坑、陡坡、港口码头的危险区，船台、船坞、地面池、槽等处 | 设置在工地、作业区入口和脚手架上或危险区附近 |
| 12 | 当心落物 | 当心落物 | 作业人员上方有落物危险的作业场所，如建筑工地脚手架下、开挖基坑土方、物料吊运、高空作业检修、高空运输物料、高处加料等场所的下方，立体交叉作业的下层及通道、电磁吸铁吊装的作业区 | 设置在危险区入口处 |

续表

| 序号 | 警告标志 | 含义 | 设置范围 | 设置地点 |
|---|---|---|---|---|
| 13 | 当心电缆 | 当心电缆 | 地下电缆抢修场所，电缆附近挖土，各种临时外接电源电缆线，大型机械安装试验时临时敷设电缆处等 | 设置在场所附近 |
| 14 | 当心吊物 | 当心吊物 | 施工工地运行中的高架吊车，使用起重设备的港口、码头、仓库、车间及其他吊装作业场所 | 设置在吊运、起重设备旁边或场所附近 |
| 15 | 当心火灾 | 当心火灾 | 根据 GB 50016—2014《建筑设计防火规范》划为甲、乙、丙类物质的生产、使用、储存、运输、装卸作业的火灾、火警等多发区的场所 | 设置在相应地点的醒目处 |
| 16 | 当心自动启动 | 当心自动启动 | 配有自动启动装置的设备 | 设置在相应地点的醒目处 |
| 17 | 当心磁场 | 当心磁场 | 有磁场的危险区域或场所，如高压变压器、电磁测量仪器附近等 | 设置在相应地点的醒目处 |
| 18 | 当心弧光 | 当心弧光 | 产生弧光的设备，弧光辐射区及产生弧光的作业场所，如氩弧焊、电焊、电弧炉、碳弧气刨等场所 | 设置在作业处 |
| 19 | 当心裂变物质 | 当心裂变物质 | 属于 GB 12268—2012《危险货物品名表》中放射性物品的使用、储存、运输场所或盛装容器等 | 设置在一定防护区范围内 |

### 1.1.4 提示标志

提示标志的含义是向人们提供某些信息（如标明安全设施或场所等）的图形符号，其几何形状是正方形或长方形，安全色是绿色，对比色是白色，图形符号色是白色，常用提示标志如表 1－4 所示。

**表 1－4 常用提示标志**

| 序号 | 提示标志 | 含义 | 设置范围 | 设置地点 |
|---|---|---|---|---|
| 1 | 紧急出口 | 紧急出口 | 宾馆、医院、电影院、集体宿舍等人员密集的公共场所；电厂、大型地下场所、电缆隧道、电梯检修孔；易燃易爆场所；高层居民楼等 | 设置在出入口、楼梯口、通道上及转弯处 |
| 2 | 可动火区 | 可动火区 | 经消防、安监部门确认、划定的可动火区，以及进货区内经批准采取措施的临时动火场所 | 设置在动火区内 |
| 3 | 避险处 | 避险处 | 铁路桥、公路桥、矿井及隧道内躲避危险的地方 | 设置在避险处上方或两侧 |

## 1.2 消防安全标志

### 1.2.1 消火栓箱

消火栓箱标志见图 1－1，其正面是一大块玻璃制成的门，上面标注有“消火栓”字样及火警电话、场内电话等信息，消防栓箱的侧面悬挂一粗钢筋制成的应急敲击小锤，在紧急情况下，可用小锤敲碎玻璃门，进行消防作业。

### 1.2.2 灭火器标志

灭火器标志见图 1－2，灭火器标志牌一般悬挂或固定在灭火器、灭火箱的上方。灭火器的性能有多种，其适用范围也不同，如表 1－5 所示，应根据实际需要选择。

图 1-1　消火栓箱标志

图 1-2　灭火器标志

**表 1-5　灭火器适用范围**

| 灭火器类型<br>火警类别 | 1211 | 二氧化碳 | 泡沫 | 干粉 |
|---|---|---|---|---|
| 纸张、木材、纺织品及布料 | √ | × | √ | √ |
| 易燃液体 | √ | √ | √ | √ |
| 易燃气体 | √ | √ | × | √ |
| 电气设备 | √ | √ | × | √ |
| 汽车 | √ | √ | √ | √ |

## 1.3　安全警示线标志

安全警示线标志用于界定和分隔危险区域，向人们传递某种注意或警告信息，以避免人身伤害。

### 1.3.1　禁止阻塞线标志

禁止阻塞线标志的作用是提示禁止在相应的设备前面或上方停放物体，以免发生意外。禁止阻塞线采用 45°倾斜的黄色与黑色相间的等宽条纹，禁止阻塞线标志如图 1-3 所示，常用禁止阻塞线的应用如图 1-4 所示。

图 1-3　禁止阻塞线标志

图 1-4　常用禁止阻塞线的应用

### 1.3.2 安全警戒线

安全警戒线标志的作用是提醒工作场所内的工作人员，避免进入警戒区域内。安全警戒线采用一定宽度黄色实线，形成一封闭的区域，安全警戒线的应用如图 1-5 所示。

图 1-5 安全警戒线的应用

### 1.3.3 固定防护遮拦

固定防护遮拦是在高压设备附近、生产现场平台、人行通道、升降口、大小坑洞、楼梯等有坠落危险的场所设置的一种事故的遮挡物。固定防护遮拦通常是一种有一定高度的栅栏，如图 1-6 所示。

图 1-6 固定防护遮拦

### 1.3.4 安全帽

安全帽用于作业区域内作业人员的头部防护。任何进入生产现场的人员，必须正确佩戴安全帽。安全帽实行分色管理，红色为管理人员使用，黄色为一线工作人员使用，蓝色为辅助生产人员使用，白色为外来人员使用，如图 1-7 所示。

图 1-7 安全帽

# 第2章 常用电气设备认识及安装

供配电系统的电气设备是指用于发电、输电、变电、配电和用电的所有设备，包括发电机、变压器、控制电器、保护设备、测量仪表、线路器材和用电设备（如电动机、照明用具）等。电气设备的常用分类如下。

1. 按电压等级来分

通常交流 50 Hz、额定电压 1 200 V 以上或直流、额定电压 1 500 V 以上称为高压设备；交流 50 Hz、额定电压 1 200 V 及以下或直流、额定电压 1 500 V 及以下为低压设备。

2. 按设备所属回路来分

（1）一次回路及一次设备。一次回路是指供配电系统中用于传输、变换和分配电能的主电路，其中的电气设备就称为一次设备或一次电器。

（2）二次回路及二次设备。二次回路是指用来控制、指示、监测和保护一次回路运行的电路，其中的电气设备就称为二次设备或二次电器。通常二次设备和二次回路是通过电流互感器和电压互感器与一次回路相连的。

3. 一次设备按其在一次回路中的功能来分

（1）变换设备。用来按电力系统的工作要求变换电压或电流的电气设备，如变压器、互感器等。

（2）控制设备。用于按电力系统的工作要求控制一次回路通、断的电气设备，如高低压断路器、开关等。

（3）保护设备。用来对电力系统进行过电流和过电压等保护的电气设备，如熔断器、避雷器等。

（4）补偿设备。用来补偿电力系统中无功功率以提高功率因数的设备，如并联电容器等。

（5）成套设备（装置）。按一次回路接线方案的要求，将有关的一次设备及其相关的二次设备组合为一体的电气装置，如高低压开关柜、低压配电屏、动力和照明配电箱等。

电气设备安装是供配电工程项目中一项重要的施工内容，它是在完成设备构筑物建造的基础上进行的项目。在电气设备安装工程中，常见的电气设备有电力变压器、高压断路器、隔离开关、互感器、避雷器及这些设备的相关辅助配件与接地设施。尽管安装的电气设备种类繁多，方法不同，但一般来讲，电气设备的安装都需要通过前期准备、施工安装和收尾调试等几个步骤。本章仅以几种典型的电力设备安装过程介绍有关知识。

## 2.1 电气设备安装基本步骤

### 2.1.1 前期准备

电气设备安装前的准备主要包含技术准备、组织准备和材料准备三个方面。

1. 技术准备

技术准备是指在设备安装前先熟悉和审查电气工程图纸和文件，了解电力工程有关的建设情况，以便根据土建工程进度制定电气设备的施工方案和安装进度计划，编制施工预算。同时，为了确保电气设备的安装质量，还应熟悉有关电气设备的施工及验收规范，以保证安装工程符合规范的要求。

2. 组织准备

施工前，一般应组建管理机构，根据电气安装项目配备相应的人员种类和数量，向参加施工的人员进行技术交底，使施工人员了解工程内容、施工方案、施工方法和安全施工条例与措施，对安全施工人员进行必要的安全、技术培训。

3. 材料准备

施工前，应按照设计或工程预算提供的材料单进行备料，并根据施工要求，准备施工设备和工具及安全技术措施等，以确保施工所需材料符合设计要求并满足相应的规范规定。

### 2.1.2 施工安装

当施工准备工作均已完成且具备施工条件后，即可进入安装的施工阶段。在施工阶段，由于电气设备的安装需在土建工程预先埋设的管道、支架、洞口或设备基础上进行，因此，电气设备的安装就受到了较多的限制。为此，在设备的土建过程中，要全面考虑设备的安装、管线的敷设、接地的方式及系统的连接顺序，使设备安装既科学高效，又安全可靠，且不破坏已建构筑物的结构、不损坏构筑物的外观。

### 2.1.3 收尾调试

当各电气设备设施安装完成后，为了确保安装的设备符合要求并可安全稳定有效地运行，还需要进行系统的检查和调整，如线路、开关、用电设备的相互连接情况，检查线路的绝缘和保护整定情况，动力装置的空载调试等，以便及时发现问题进行整改。检查合格后，应通电试运行，验证工程运行状态是否良好，是否可以交付使用。上述几项工作完成后，应填写竣工报告及有关施工资料，为今后对设备实施有效的管理提供依据。

# 2.2　电力变压器认识及安装

电力变压器（文字符号为 T 或 TM）：根据国际电工委员会（IEC）的界定，凡是三相变压器额定容量在 5 kVA 及以上，单相在 1 kVA 及以上的输变电用变压器，均称为电力变压器，如图 2－1 所示。它是供配电系统中最关键的一次设备，主要用于公用电网和工业电网中，将某一给定电压值的电能转变为所要求的另一电压值的电能，以利于电能的合理输送、分配和使用。变压器的分类方法比较多，常用的如下：

（1）按功能分，有升压变压器和降压变压器。在远距离输配电系统中，为了把发电机发出的较低电压升高为较高的电压级，需升压变压器；而对于直接供电给各类用户的终端变电所，则采用降压变压器。

（2）按相数分，有单相和三相两类。其中，三相变压器广泛用于供配电系统的变电所中，而单相变压器一般供小容量的单相设备专用。

（3）按绕组导体的材质分，有铜绕组变压器和铝绕组变压器。过去我国工厂变电所大多采用铝绕组变压器，但现在低损耗的铜绕组变压器，尤其是大容量铜绕组变压器已得到更为广泛的应用。

（4）按绕组形式分，有双绕组变压器、三绕组变压器和自耦式变压器。双绕组变压器用于变换一个电压的场所；三绕组变压器用于需两个电压的场所，它有一个一次绕组，两个二次绕组；自耦式变压器大多用在实验室中进行调压。

（5）按容量系列分，目前我国大多采用 IEC 推荐的 R10 系列来确定变压器的容量，即容量按 R10=1.26 的倍数递增，常用的有 100 kVA、125 kVA、160 kVA、200 kVA、250 kVA、315 kVA、400 kVA、500 kVA、630 kVA、800 kVA、1 000 kVA、1 250 kVA、1 600 kVA、2 000 kVA、2 500 kVA、3 150 kVA 等，其中，容量在 500 kVA 以下的为小型变压器，630～6 300 kVA 的为中型变压器，8 000 kVA 以上的为大型变压器。这种容量系列的等级较密，便于合理选用。

（6）按电压调节方式分，有无载调压变压器和有载调压变压器。其中，无载调压变压器一般用于对电压水平要求不高的场所，特别是 10 kV 及以下的场所；在 10 kV 以上的电力系统和对电压水平要求较高的场所主要采用有载调压变压器。

（7）按安装地点分，有户内式和户外式。

（8）按冷却方式和绕组绝缘分，有油浸式、干式和充气式（SF6）等。其中，油浸式变压器又有油浸自冷式、油浸风冷式、油浸水冷式和强迫油循环冷却方式等，而干式变压器又有浇注式、开启式、封闭式等。

油浸式变压器具有较好的绝缘和散热性能，且价格较低，便于检修，因此被广泛地采用，但由于油的可燃性，不便用于易燃易爆和安全要求较高的场合。干式变压器结构简单，体积小，重量轻，且防火、防尘、防潮，虽然价格较同容量的油浸式变压器贵，但在安全防火要求较高的场所，尤其是大型建筑物内的变电所、地下变电所和矿井内变电所也被广泛使用。充气式变压器是利用充填的气体进行绝缘和散热，具有优良的电气性能，主要用于安全防火要求较高的场所，并常与其他充气电器配合，组成成套装置。

普通的中小容量的变压器采用自冷式结构，即变压器产生的热损耗经自然通风和辐射逸散；大容量的油浸式变压器采用水冷式和强迫油循环冷却方式；风冷式是利用通风机来加强变压器的散热冷却，一般用于大容量变压器（2 000 kV·A 及以上）和散热条件较差的场所。

（9）按用途分，有普通变压器、防雷变压器等。6～10 kV·A/0.4 kV·A 的变压器常叫作配电变压器，安装在总降压变电所的变压器通常称为主变压器。

图 2－1　电力变压器

### 2.2.1　变压器安装前的准备

一般来讲，安装在不同环境的变压器根据其条件的不同，所需要的工具和材料也不相同。变压器若被安装在室内，则在安装前，建筑工程中的变压器应达到允许安装的强度，按照图纸确认预埋件位置、数量、质量或预留孔是否符合设计要求；若安装在室外电杆上，则在安装前，应在确保电杆稳定安全的基础上，准备好固定变压器的槽钢、螺栓、垫片、接地扁钢、银粉漆等材料及安装变压器的电工用梯、撬棍、倒链、水平尺、氧气瓶、乙炔瓶、冲击电钻、钢丝绳、电焊机等工具。

### 2.2.2　变压器安装前的检查

1. 开箱检查

变压器到现场后，应先进行开箱检查，即检查变压器包装及密封是否良好，变压器型号、规格是否符合设计要求，设备有无损伤，附件备件是否齐全，产品的技术文件是否齐全。

2. 器身检查

在确保变压器符合规定的型号之后，还应检查变压器所有螺栓是否完好无损，绕组绝缘应完整，引出线绝缘应无破损，引出线与套管的连接应牢固，铁芯应无变形，铁轭与夹件间的绝缘垫应良好，冷却油位应符合要求，绕组的压钉应牢固，防松螺母应锁紧。

3. 吊装就位

（1）大型的电力变压器通常采用吊装就位。吊装前的准备工作包括编制吊装技术措施，并进行安全技术交底和人员分工。

（2）注意和气象部门联系，要有计划地选择晴天、无大风天气进行吊装，雨雪雾天不宜进行。周围空气温度不宜低于 0 ℃，空气相对湿度不宜高于 75%。

（3）吊装时，变压器芯部温度不宜低于周围空气温度，低于时要加热变压器，使其比周围空气温度高 10 ℃，以防止结露降低绝缘。

（4）滤油系统已准备好，能随时开动，补充油已合格。

（5）根据变压器罩的质量选择起吊机械。起吊机械应有足够的起吊高度，而且制动装置良好，升降速度慢且稳，钢丝绳等工具要检查合格、合适。

（6）准备好检查时需用的工具：一般电工常用工具、小撬棍、塞尺等，并逐一登记数量。扳手上应系白布带，全部工具要有专人管理。

（7）变压器四周根据需要搭好脚手架，并铺上木板，绑置扶梯，供检查人员上下行走。

（8）备好吊装用的材料，如塑料布、白布、白布带、塑料带、玻璃丝带等。备好有关劳保用品，如工作服、耐油鞋等。

（9）备好试验仪器，随时配合做试验，并准备好温度计和湿度计。

（10）对全体参加吊装人员做好组织分工，统一指挥，各负其责。

（11）做好消防保卫工作，现场配置消防器材。吊装时变压器四周应设置警戒线，非工作人员一般不准入内。

4. 吊罩与检查

确认合适的气象条件，当确定无雨、雪及大风天气时，可通知进行。检查空气相对湿度，当小于 75%时可开始工作。

对于国产变压器，一般均要吊罩检查。对于充氮变压器，在起吊变压器罩前，应通过专用的压力释放阀将油箱内的压力释放掉，如变压器无专用压力释放阀，需要使用打开法兰堵板来释放压力时，不可将法兰螺丝卸下，仅松开一定间隙能放出气体即可，要防止堵板飞出伤人。变压器罩吊开后，必须让器身在空气中暴露 15 min 以上，使氮气充分扩散后再进行芯部检查工作。对于充油变压器，应将油全部放光。为减少芯部在空气中暴露时间，放油速度应尽量快。为此，可用油泵或潜油泵直接接在放油阀上放油，当油放到铁芯顶部以下时，即可进行下述工作：

（1）拆去盖板观察内部情况。

（2）记下分接开关位置并刻上标记。

（3）拆下无载分接开关的转动部分。

（4）拆下铁芯接地套管及其他有相连的部件。

（5）有载调压装置应根据说明书来拆卸。

（6）油放完后，应立即过滤处理。

5. 吊罩检查

氮气排完或油放完后，即可拆卸变压器罩下部四周的螺栓。拆螺栓时，四周螺栓开始间隔松动，以后再将其他慢慢松动，直到不吃力为止。将全部螺栓拆下后，清点数目并妥善保管。在拆卸螺栓的同时，起吊人员可以系钢丝绳，为了防止偏心，还要在一边加拉链葫芦调整，再检查起吊设备控制和制动情况是否良好。螺栓拆完后即可起吊。对于钟罩式油箱要特别注意以下两点：

（1）起吊时应设专人指挥，由专业起重工进行，电气安装工配合，油箱四角要有人监视和传递信号，要仔细小心地拉好溜绳，吊索与铅垂线的夹角不宜大于 30°，严格防止油箱在吊起过程中与芯部碰撞。

（2）由于钟罩式油箱结构不对称，找准油箱重心是很困难的，所以在试吊时，为防止重心掌握不好，在四角的螺丝孔内，由上向下穿圆钢临时定位棒。当吊起 50～100 mm 后暂停。检查起吊中心、重心，用拉链葫芦调整，直到定位棒不吃力，一切正常后再慢慢吊起。当超过器身以上时，将上罩放到准备好的干净枕木上。

6. 铁芯检查

（1）铁芯应无变形，铁轭与夹件间的绝缘应良好。

（2）铁芯应无多点接地。

（3）铁芯外引接地的变压器，拆开接地线后，铁芯对地绝缘应良好。

（4）打开夹件与铁轭接地后，铁轭螺杆与铁芯、铁轭与夹件、螺杆与夹件间的绝缘应良好。

（5）当铁轭采用钢带绑扎时，钢带对铁轭的绝缘应良好。

（6）打开铁芯屏蔽接地引线，检查屏蔽绝缘应良好。

（7）打开夹件与线圈压板的连线，检查压钉绝缘应良好。

（8）铁芯拉板及铁轭拉带应坚固，绝缘良好。

7. 线圈检查

（1）绕组绝缘层应完整，无缺损、变位现象。

（2）各绕组应排列整齐，间隙均匀，油路无堵塞。

（3）绕组的压钉应紧固，防松螺母应锁紧。

8. 其他检查

（1）绝缘围屏绑扎牢固，围屏上所有线圈引出处的封闭应良好。

（2）引出线绝缘包扎牢固，无破损、拧弯现象，引出线绝缘距离应合格，固定牢靠，其固定支架应紧固，引出线的裸露部分应无毛刺或尖角，其焊接应良好。

（3）引出线与套管的连接应牢靠，接线正确。

### 2.2.3 变压器的电气检查

电气检查主要有以下内容：

（1）配合电气安装人员做铁芯绝缘测量。

（2）测量绕组高、低压侧及对地绝缘电阻，应符合要求。

（3）测量绕组直流电阻，应与出厂值一致。

（4）测量变压器的变比，其误差应小于±0.5%。

### 2.2.4 扣罩与注油

电气检查做完后，如变压器没有问题，即可进行上罩吊装回扣。当上、下节油箱接近合拢时，可在连接上、下节油箱的螺丝孔内插入定位棒引导，以确保吊装工作顺利进行。上罩扣到底后，即可穿连接螺栓（此时吊索还不能脱钩）。待螺栓上完后，对角同时拧紧，用力要均匀，防止两边紧度不一样将橡皮垫挤出，最好用力矩扳手拧紧。

扣完上罩后，便开始注油，应采用真空方式注油，油应从下部注油阀注入，至没过铁芯为止。空隙部分仍保持真空，待变压器所有附件安装完，最后把油注满。

注油完毕后，在施加电压前，其静置时间不应少于 24 h。

### 2.2.5　气体继电器安装

（1）气体继电器安装前应经检验鉴定合格。

（2）气体继电器应水平安装，观察窗应装在便于检查的一侧，箭头方向应指向油枕。与连通管的连接应密封良好，截油阀应位于油枕和气体继电器之间。

（3）打开放气嘴，放出空气，直到有油溢出时将放气嘴关上，以免有残存空气使继电保护器误动作。

（4）当操作电源为直流时，必须将电源正极接到水银侧的接点上，以免接点断开时产生电弧。

（5）确定事故喷油管的安装方位时，应注意到在事故排油时不致危及其他电气设备。喷油管口应换为割划有“十”字线的玻璃，以便发生故障时气流能顺利冲破玻璃。

### 2.2.6　吸湿器安装

（1）吸湿器安装前，应检查硅胶是否失效，如已失效应在 115～120 ℃温度烘烤 8 h，使其复原，或直接更换硅胶。浅蓝色硅胶变为浅红色，即已失效。白色硅胶不加鉴定一律烘烤。

（2）吸湿器安装时，必须将吸湿器盖子上的橡皮垫去掉，使其通畅，并在下方隔离器具中装适量变压器油，起滤尘作用。

### 2.2.7　温度计安装

（1）套管温度计安装，应直接安装在变压器上盖的预留孔内，并在孔内加适当变压器油，刻度方向应便于检查。

（2）电接点温度计安装前应进行校验，油浸变压器的一次元件应安装在变压器顶盖上的温度计套筒内，并加适当变压器油。二次仪表挂在变压器一侧的预留板上。干式变压器的一次元件应按生产厂家说明书位置安装，二次仪表安装在便于观测的变压器护栏网上，软管不得有压扁或死弯，弯曲半径不得小于 50 mm，多余部分应盘圈并固定在温度计附近。干式变压器的电阻温度计，一次元件应预埋在变压器内，二次仪表应安装在值班室或操作台上，导线应符合仪表要求，并加以适当的附加电阻校验调试后方可使用。

### 2.2.8　调压切换装置安装

（1）变压器调压切换装置各分接点与线圈的连线应紧固正确，且接触紧密良好。转动点应正确停留在各个位置上，并与指示位置一致。

（2）调压切换装置的拉杆、分接头的凸轮、小轴销子等应完整无损，转动盘应动作灵活，密封良好。

（3）调压切换装置的传动机构（包括有载调压装置）的固定应牢靠，传动机构的摩擦部分应有足够的润滑油。

（4）有载调压切换装置的调换开关的触头及铜辫子软线应完整无损，触头间应有足够的压力（一般为 80～100 N）。

（5）有载调压切换装置转动到极限位置时，应装有机械联锁与带有限位开关的电气联锁。

（6）有载调压切换装置的控制箱一般应安装在值班室或操作台上，连线应正确无误，并应调整好，手动、自动工作正常，挡位指示正确。

### 2.2.9 变压器连接

（1）变压器的一次、二次引线、地线、控制管线均应符合相应的规定。

（2）变压器一次、二次引线的施工不应使变压器的套管直接承受应力。

（3）变压器工作零线与中性点接地线应分别敷设，工作零线宜用绝缘导线。

（4）变压器中性点的接地回路中，靠近变压器处，宜做一个可拆卸的连接点。

（5）油浸变压器附件所用导线，应采用具有耐油性能的绝缘电缆。靠近油箱壁的电缆，应用金属软管保护，并排列整齐。接线盒应密封良好。

### 2.2.10 变压器干燥

（1）新装变压器是否需要进行干燥，应根据下列条件进行综合分析判断后确定：

① 带油运输的变压器：确保绝缘油电气强度及微量水试验合格；绝缘电阻及吸收比（或极化指数）符合规定。

② 充氮运输的变压器：确保器身内压力在出厂至安装前均保持正压；残油中微量水不应大于 30 ppm（溶液浓度的表示方法，表示百万分之一）；变压器注入合格绝缘油后，绝缘油电气强度及微量水以及绝缘电阻应符合 GB 50150—2016《电气装置安装工程电气设备交接试验标准》的规定。

当器身未能保持正压而密封无明显破坏时，则应根据安装及试验记录全面分析做出综合判断，决定是否需要干燥。

（2）变压器进行干燥时，必须对各部温度进行监控：

① 不带油干燥。利用油箱加热时，箱壁温度不宜超过 100 ℃，箱底温度不得超过 100 ℃，绕组温度不得超过 95 ℃。

② 带油干燥时，上层油温不得超过 85 ℃。

③ 热风干燥时，进风温度不得超过 100 ℃。

④ 干式变压器进行干燥时，其绕组温度应根据其绝缘等级而定：

A 级绝缘：80 ℃；

B 级绝缘，100 ℃；

E 级绝缘：95 ℃；

F 级绝缘：120 ℃；

H 级绝缘：145 ℃。

（3）采用真空加温干燥时，应先进行预热，抽真空时将油箱内抽成 0.02 MPa。然后按每小时均匀地增高 0.006 7 MPa 至表 2－1 所示的极限允许值为止。抽真空时应监视箱壁的弹性变形，其最大值不得超过箱壁厚的 2 倍。

表 2-1　变压器抽真空的允许极限值

| 电压/kV | 容量/kVA | 真空度/MPa |
| --- | --- | --- |
| 35 | 4 000～31 500 | 0.051 |
| 63～110 | ≤16 000 | 0.051 |
|  | ≥20 000 | 0.08 |
| 220～330 |  | 0.101 |
| 500 |  | ≤0.101 |

（4）变压器干燥后应进行器身检查，所有螺栓压紧部分应无松动，绝缘表面应无过热等异常情况。如不能及时检查时，应先注入合格油，油温可预热至 50～60 ℃，绕组温度应高于油温。

（5）变压器干燥方法。

① 热油真空干燥法。

变压器油加热温度不超过 110 ℃，打开放油阀，用加热的变压器油在变压器内循环或者热油直接喷射芯部绝缘，借油的热量加热，同时抽真空排潮。

② 铜损干燥法。

利用电流在变压器线圈内产生铜损来加热变压器达到干燥绝缘目的的一种方法。加热电源可以是交流电，也可以是直流电。用交流电干燥是一侧绕组加电压，另一侧绕组短路，利用短路绕组铜损热量干燥变压器。用直流电干燥是利用通电绕组铜损热量干燥变压器。由于交流电源容易取得，所以多数采用交流电铜损干燥法。

### 2.2.11　变压器交接试验

变压器的交接试验应由当地供电部门许可的实验室进行。试验标准应符合 GB 50150—2016《电气装置安装工程电气设备交接试验标准》的要求和当地供电部门的规定，以及产品技术资料的要求。

1. 变压器交接试验的内容

（1）测量绕组连同套管的直流电阻。

（2）检查所有分接头的变压比。

（3）检查变压器的三相接线组别、单相变压器引出线的极性及检查相位。

（4）测量绕组连同套管的绝缘电阻、吸收比或极化指数。

（5）绕组连同套管的交流耐压试验。

（6）测量与铁芯绝缘的各紧固件及铁芯接地线引出套管对外壳的绝缘电阻。

（7）非纯瓷套管的试验。

（8）绝缘油试验。

（9）有载调压切换装置的检查和试验。

（10）额定电压下的冲击合闸试验。

2. 变压器送电前的检查

（1）变压器试运行前应做全面检查，确认符合试运行条件时方可投入运行。

（2）变压器试运行前，必须由质量监督部门检查合格。

3. 变压器试运行前的检查内容

（1）各种交接试验单齐全，数据符合要求。

（2）变压器应清理、擦拭干净，顶盖上无遗留杂物，本体及附件无缺损，且不渗油。

（3）变压器一次、二次引线相位正确，绝缘良好。

（4）接地线良好。

（5）通风冷却设施安装完毕，工作正常，事故排油设施完好，消防设施齐备。

（6）油浸变压器油系统油门应打开，油门指示正确，油位正常。

（7）油浸变压器的电压切换装置及干式变压器的分接头位置放置在正常电压挡位。

（8）保护装置整定值符合设计规定要求，操作及联动试验正常。

（9）干式变压器护栏安装完毕，各种标志牌挂好，门装锁。

4. 变压器送电试运行

（1）变压器第一次投入时，可全电压冲击合闸。冲击合闸时一般可由高压侧投入。

（2）变压器应进行 3～5 次全电压冲击合闸，并无异常情况；第一次受电后持续时间不应少于 10 min，励磁涌流不应引起保护装置误动作。

（3）油浸变压器带电后，检查油系统不应有渗油现象。

（4）变压器试运行要注意冲击电流、空载电流、一次/二次电压、温度，并做好详细记录。

（5）变压器并列运行前，应核对好相位。

（6）变压器空载运行 24 小时，无异常情况，方可带负荷运行。

### 2.2.12 变压器施工质量

变压器施工质量问题及防治措施见表 2－2。

表 2－2 变压器施工质量问题及防治措施

| 质量问题 | 防治措施 |
| --- | --- |
| 铁件焊渣清理不干净，除锈不净，刷漆不均匀，有漏刷现象 | 加强工作责任心，做好工序搭接的自检、互检 |
| 防震装置安装不牢 | 加强对防震的认识，按照工艺标准进行施工 |
| 管线排列不整齐，不美观 | 增强质量意识，管线按规范要求进行敷设，做到横平竖直 |
| 变压器一次、二次套管损坏 | 从变压器搬运到变压器安装完毕，都应加强变压器瓷套管的保护 |
| 变压器中性点、零线及中性点接地线没分开敷设 | 认真学习安装工艺标准，参照电气施工图册敷设 |
| 变压器一次、二次引线螺栓不紧，压接不牢，母线与变压器高低压接线端子连接间隙不符合规范要求 | 增强质量意识，加强自检、互检，母线与变压器连接时，接合面应锉平拧紧 |
| 变压器附件安装后，有渗油现象 | 附件安装时应垫好密封圈，螺栓应拧紧 |

施工安全要求：

（1）安装电力变压器时，必须注意人身和设备的安全。

（2）安装电力变压器时，常使用的电气机具的布置和装设都应符合有关的安全规程。在使用移动式照明时，严禁携带 220 V 的行灯进入油箱里工作或用绝缘不良的导线敷设临时电源等。

（3）在安装变压器上的套管和油箱顶部上的附件，以及在注油和做试验时，必须采取措施防止滑跌和摔下。

（4）在过滤变压器油时，必须采取有效措施注意防火。

（5）在检查电力变压器芯部和安装油箱顶盖上的附件时，要严防螺帽、螺杆、垫圈、小型工具甚至安装人员衣袋内的物品落入箱内。

### 2.2.13　变压器施工质量标准

1. 主控项目

（1）变压器安装应位置正确，附件齐全，油浸变压器油位正常，无渗油现象。

（2）接地装置引出的接地干线与变压器的低压侧中性点直接连接；接地干线与箱式变电站的 N 母线和 PE 母线直接连接；变压器箱体、干式变压器的支架或外壳应接地（PE），所有连接应可靠，紧固件及防松零件齐全。

（3）变压器必须按 GB 50150—2016《电气装置安装工程电气设备交接试验标准》的规定交接试验合格。

（4）箱式变电站的基础应高于室外地坪，周围排水通畅，用地脚螺栓固定的螺帽齐全，拧紧牢固，自由安放的应垫平放。金属箱式变电站，箱体应接地（PE）或接零（PEN）可靠，且有标识。

（5）箱式变电站的交接试验，必须符合下列规定：

① 由高压成套开关柜、低压成套开关柜和变压器 3 个独立单元组合成的箱式变电站高压电气设备部分按 GB 50150—2016《电气装置安装工程电气设备交接试验标准》的规定交接试验合格；

② 高压开关、熔断器等与变压器组合在同一个密闭油箱内的箱式变电站，交接试验按产品提供的技术文件要求执行。

2. 一般项目

（1）有载调压开关的传动部分润滑应良好，动作灵活，点动给定位置与开关实际位置一致，自动调节符合产品的技术文件要求。

（2）绝缘件应无裂纹、缺损，瓷件瓷釉无损坏等缺陷，外表清洁，测温仪表指示准确。

（3）装有滚轮的变压器就位后，应将滚轮用能拆卸的制动部件固定。

（4）箱式变电站内外涂漆完整、无损伤，有通风口的风口防护网完好。

（5）箱式变电站的高低压柜内部接线完整，低压每个输出回路标记清晰，回路名称准确。

（6）装有气体继电器的变压器顶盖，沿气体继电器的气流方向有 1.0%～1.5%的升高坡度。

### 2.2.14　变压器成品保护

（1）变压器门应加锁，未经安装单位许可，闲杂人员不得入内。

（2）对就位的变压器高低压瓷套管及环氧树脂铸件，应有防砸及防碰撞措施。

（3）变压器器身要保持清洁干净，油漆面无碰撞损伤。干式变压器就位后，要采取保护措施，防止铁件掉入线圈内。

（4）在变压器上方作业时，操作人员不得蹬踩变压器，并不得携带工具袋，以防工具材料掉下砸坏、砸伤变压器。

（5）变压器发现漏油、渗油时应及时处理，防止油面太低，潮气侵入，降低线圈绝缘程度。

（6）对安装完的电气管线及其支架应注意保护，不得碰撞损伤。

（7）在变压器上方操作电气焊时，应对变压器进行全方位保护，防止焊渣掉下，损伤设备。

### 2.2.15 变压器的工程交接验收

（1）变压器在试运行前应进行全面检查，确认其符合运行条件时，方可投入试运行。

（2）变压器的启动试运行，是指设备开始带电，并带一定负荷（即可能的最大负荷）连续运行 24 小时所经历的过程。

（3）验收时，应移交下列资料和文件：

① 变更设计部分的实际施工图及变更设计的证明文件。

② 产品说明书、试验报告单、合格证及安装图纸等技术文件。

③ 安装检查及调整试验记录。

④ 备品、备件移交清单。

## 2.3 高压断路器认识及安装

高压断路器（文字符号为 QF）是高压输配电线路中最为重要的电气设备，如图 2－2 所示。它的选用和性能直接关系到线路运行的安全性和可靠性。高压断路器具有完善的灭弧装置，不但能通断正常的负荷电流和过负荷电流，而且能通断一定的短路电流，并能在保护装置作用下，自动跳闸，切断短路电流。高压断路器分类主要有：

图 2－2 高压断路器

（1）按其采用的灭弧介质分，有油断路器、六氟化硫（$SF_6$）断路器、真空断路器、压缩空气断路器和磁吹断路器等，其中油断路器按油量大小又分为少油和多油两类。多油断路器的油量多，兼有灭弧和绝缘的双重功能；少油断路器的油量少，只作灭弧介质用。

（2）按使用场合可分为户内型和户外型。

（3）按分断速度分，有高速（＜0.01 s）、中速（0.1～0.2 s）、低速（＞0.2 s），现采用高速的比较多。

六氟化硫断路器和真空断路器目前应用较广，少油断路器因其成本低，结构简单，依然被广泛应用于不需要频繁操作及要求不高的各级高压电网中，但压缩空气断路器和多油断路器已基本淘汰。电力新装工程主要使用真空断路器、六氟化硫断路器、六氟化硫全封闭组合电器以及部分少油断路器。

### 2.3.1　断路器安装施工准备

1. 施工技术准备

（1）收集资料，熟悉有关的设计图纸、产品安装使用说明书、产品试验的合格证及安装工艺规程等技术资料。从资料中了解高压断路器的技术特性、结构、工作原理以及运输、保管、检查、组装、测试、安装及调整的方法和要求。

（2）编制安装方案。结合现场具体情况，编制断路器安装的作业指导书，其内容应包括：设备概况及特点、施工步骤、吊装方案、安装及调整的方法、质量要求、劳力组织、工器具及材料清单、工期安排、安全措施等。

（3）技术交底，向参加施工的人员进行安全技术交底，使施工人员了解断路器的结构、外观、技术性能，掌握断路器的安装、调整的方法和技术要求，避免工作中出现不应有的差错和事故，对重要工序，应事先制定安全技术措施。

2. 设备及器材的准备

（1）设备及器材的保管期限为一年。

（2）设备及器材如需长期保管时，应符合设备和器材保管的专门规定。

（3）采用的设备及器材均应符合国家现行技术标准的规定，并应有合格证件，设备应有铭牌。

3. 工器具及安装材料的准备

（1）工器具的准备。断路器安装所需的施工机械和测试仪器应根据断路器的型号和施工现场的条件进行选择。

（2）安装材料的准备。各种类型的断路器安装所需的材料大致相似，但也有特殊的，常用的有以下 5 种：

① 清洗材料：如白布、绸布、塑料布、金相砂纸及毛刷等。

② 润滑材料：如润滑油、润滑脂及凡士林等。

③ 密封材料：如耐油橡胶垫、石棉绳、铅粉及胶木等。

④ 绝缘材料：如绝缘漆、绝缘带、变压器油（用于少油断路器）、高纯氮（用于六氟化硫断路器、空气断路器、真空断路器）及六氟化硫气体（六氟化硫断路器）等。

⑤ 胶黏材料：如环氧树脂剂及双王 900 等。

（3）设备安装用的紧固件，除地角螺栓外应采用镀锌制品，户外用的紧固件应采用热镀锌制品。电器接线端子用的紧固件应符合国家 GB/T 5273—2016《高压电器端子尺寸标准化》的规定。

4. 运输与开箱检查

断路器从制造厂运到仓库，再由仓库二次倒运到施工现场，在运输和装卸时不得倾翻、碰撞和强烈震动。一般不在仓库开箱，而在运到现场时才能开箱检查。开箱检查内容如下：

（1）检查包装及密封应良好。

（2）开箱检查清点，规格应符合设计要求，附件、备件应齐全。根据装箱清单，清点断路器附件及备件。要求数量齐全、无锈蚀、无机械损坏，瓷铁件应黏合牢固。检查绝缘部件有无受潮、变形等；操作机构有无损伤。油断路器有无渗漏油，空气断路器及六氟化硫断路器有无漏气。

（3）检查设备的技术文件是否齐全，包括断路器出厂时应附的设备及备件装箱清单、产品合格证书、安装使用说明书、接线图及试验报告等有关技术文件是否齐全。

（4）对设备外观进行检查。检查产品铭牌数据、分合闸线圈额定电压、电动机规格等数据是否与设计相符。

（5）对于开箱中发现的问题及设备缺陷要及时解决和消除，并做好记录，作为竣工移交的原始资料。

5. 现场布置

（1）安装断路器的现场应有适合运输车辆通行的道路及布置起重机具的场地。

（2）安装大型断路器要考虑吊车扒杆的高度及回转半径是否满足要求，吊车的位置应尽量减少移动次数。对于高空作业要搭设脚手架。脚手架的高度和宽度应能满足高空作业的要求。

（3）安装现场还应设置临时工作间或简易工棚，以便保管安装工具、材料、测试仪器及零部件。

6. 安装前的试验设备

安装前应根据交接试验规程和厂家技术要求，对相应部件进行试验。只有试验合格方可安装。

7. 与高压电器安装有关的建筑工程施工

与高压电器安装有关的工程施工应符合下列要求：

（1）与高压电器安装有关的建筑物、构筑物的建筑工程质量，应符合国家现行的建筑工程施工及验收规范中的有关规定。当设备及设计有特殊要求时，应符合其要求。

（2）设备安装前，建筑工程应具备以下条件：

① 屋顶、楼板施工完毕，不得渗漏。

② 室内地面基层施工完毕，并在墙上标出地面标高，在配电室内，设备底座及母线的构架安装后，做好抹光地面的工作。配电室的门窗安装完毕。

③ 预埋件及预留孔符合设计要求，预埋件牢固。

④ 进行装饰时有可能损坏已安装的设备或设备安装后不能再进行装饰的工作应全部结束。

⑤ 混凝土基础结构支架达到允许安装的强度和刚度，设备支架焊接质量符合要求。

⑥ 模板、施工设备及杂物清除干净，并有足够的安装用地，施工道路通畅。

⑦ 高层架构的走道板、栏杆、平台及梯子等齐全牢固。

⑧ 基坑已回填夯实。

8. 设备投入运行前建筑工程应符合的要求

（1）消除构架上的污垢，填补孔洞，以及装饰等工作应结束。

（2）完成二次灌浆和抹面。

（3）保护性网门、栏杆及梯子等应齐全。

（4）室外配电装置的场地应平整。

（5）受电后无法进行或影响运行安全的工作施工完毕。

### 2.3.2　六氟化硫断路器施工准备

六氟化硫断路器如图 2－3 所示。

（1）安装前的技术要求及工具、材料准备见断路器总体施工准备有关部分。

（2）开箱检查除了按断路器总体施工准备的要求进行外，还应重点检查下列内容：

① 开箱前检查包装应无残损。

② 设备的零件、备件及专用工器具应齐全、无锈蚀和损伤变形。

③ 绝缘件应无变形、受潮、裂纹和剥落。

④ 瓷件表面应光滑，无裂纹和缺损，铸件应无砂眼。

图 2－3　六氟化硫断路器

⑤ 充有六氟化硫等气体的部件，其压力值应符合产品的技术规定。

⑥ 出厂证件及技术资料应齐全。

（3）六氟化硫断路器到达现场后的保管应符合下列要求：

① 设备应按原包装放置于平整、无积水、无腐蚀性气体的场地，并按编号分组保管。在室外应垫上枕木并加盖篷布遮盖。

② 充有六氟化硫等气体的灭弧室和罐体及绝缘支柱，应定期检查其预充压力值，并做好记录，有异常时应及时采取措施。

③ 绝缘部件、专用材料、专用小型工器具及备品、备件等应置于干燥的室内保管，以免受潮。

④ 瓷件应妥善安置，不得倾倒、互相碰撞或遭受外界的危害。

（4）六氟化硫断路器在运输和装卸过程中，不得倒置、碰撞或受到剧烈震动。制造厂有特殊规定标志的，应按制造厂的规定装运。

### 2.3.3　六氟化硫断路器施工工艺及要求

（1）六氟化硫断路器的基础或支架，应符合下列要求：

① 基础的中心距离及高度的误差不应大于 10 mm。

② 预留孔或预埋铁板中心线的误差不应大于 10 mm。

③ 预埋螺栓中心线的误差不应大于 2 mm。

（2）六氟化硫断路器安装前应进行下列检查：

① 断路器零部件应齐全、清洁、完好。

② 灭弧室或罐体和绝缘支柱内预充的六氟化硫等气体的压力值和六氟化硫气体的含水量应符合产品技术要求。

③ 均压电容、合闸电阻值应符合制造厂的规定。

④ 绝缘部件表面应无裂缝、无剥落或破损，绝缘应良好，绝缘拉杆端部连接部件应牢

固可靠。

⑤ 瓷套表面应光滑、无裂纹、缺损，外观检查有疑问时应进行探伤检验。瓷套与法兰的接合面黏合应牢固，法兰接合面应平整，无外伤和铸造砂眼。

⑥ 传动机构零件应齐全，轴承光滑无刺，铸件无裂纹或焊接不良。

⑦ 组装用的螺栓、密封垫、密封脂、清洁剂和润滑脂等的规格必须符合产品的技术规定。

⑧ 密度继电器和压力表应经检验。

### 2.3.4 六氟化硫断路器的安装

1. 基本条件

（1）应在无风沙、无雨雪的天气下进行。

（2）灭弧室检查组装时，空气相对湿度应小于 80%，并采取防尘、防潮措施。

2. 六氟化硫断路器安装要求

六氟化硫断路器不应在现场解体检查，当有缺陷必须在现场解体时，应经制造厂同意，并在厂方人员指导下进行。六氟化硫断路器的安装应符合下列要求：

（1）按制造厂的部件编号和规定顺序进行组装，不可混装。

（2）断路器的固定应牢固可靠，支架或底架与基础之间的垫片不宜超过 3 片，其总厚度不应大于 10 mm，各片间应焊接牢固。

（3）同相各支柱瓷套的法兰面应在同一水平面上，各支柱中心线间距离的误差不应大于 5 mm，相间中心距离的误差不应大于 5 mm。

（4）所有部件的安装位置正确，并按制造厂规定要求保持其应有的水平或垂直位置。

（5）密封槽面应清洁，无划伤痕迹，已用过的密封垫（圈）不得使用。涂密封脂时，不得使其流入密封垫（圈）内侧而与六氟化硫气体接触。

（6）应按产品的技术规定更换吸附剂。

（7）应按产品的技术规定选用吊装器具、吊点及吊装程序。

（8）密封部位的螺栓应使用力矩扳手紧固，其力矩值应符合产品的技术规定。

（9）设备接线端子的接触表面应平整、清洁、无氧化膜，并涂以薄层电力复合脂。镀银部分不得锉磨。载流部分的可挠连接不得有折损、表面凹陷及锈蚀。

（10）断路器调整后的各项动作参数，应符合产品的技术规定。

3. 六氟化硫断路器和操动机构的联合动作

应符合下列要求：

（1）在联合动作前，断路器内必须充有额定压力的六氟化硫气体。

（2）位置指示器动作应正确，其分、合位置应符合断路器的实际分、合状态。

（3）具有慢分、慢合装置者，在进行快速分、合闸前，必须先进行慢分、慢合操作。

（4）六氟化硫气体的管理及充注，应符合规范的有关规定。

### 2.3.5 断路器工程交接验收

（1）断路器在验收时，应进行下列检查：

① 断路器应固定牢靠，外表清洁完整，动作性能符合规定。

② 电气连接应可靠且接触良好，断路器及其操动机构的联动应正常，无卡阻现象。分、合闸指示正确，辅助开关动作正确可靠。

③ 密度继电器的报警、闭锁定值应符合规定，电气回路传动正确。

④ 六氟化硫气体压力、泄漏率和含水率应符合规定。

⑤ 油漆应完整，相色标志正确。

⑥ 接地良好。

（2）断路器在验收时应提交下列资料和文件：

① 变更设计的说明文件。

② 制造厂提供的产品说明书、试验记录、合格证件及安装图纸等技术文件。

③ 安装技术记录。

④ 调整试验记录。

⑤ 备品、备件、专用器具及测试仪器清单。

## 2.4　隔离开关认识及安装

高压隔离开关（文字符号为 QS）的主要功能是隔离高压电源，以保证对其他电气设备及线路的安全检修及人身安全（GW13 系列户外高压隔离开关如图 2－4 所示）。因此其结构特点是断开后具有明显可见的断开间隙，且断开间隙的绝缘及相间绝缘都是足够可靠的。但是隔离开关没有灭弧装置，所以不容许带负荷操作。但可容许通断一定的小电流，如励磁电流不超过 2 A 的 35 kV、1 000 kVA 及以下的空载变压器电路、电容电流不超过 5 A 的 10 kV 及以下、长 5 km 的空载输电线路以及电压互感器和避雷器回路等。

图 2－4　GW13 系列户外高压隔离开关

高压隔离开关按安装地点分为户内式和户外式两大类；按有无接地开关可分为不接地、单接地、双接地三类。

10 kV 高压隔离开关型号较多，常用的有 GN8、GN19、GN24、GN28、GN30 等户内式系列。GN 型高压隔离开关一般采用手动操动机构进行操作。户外高压隔离开关常用的有 GW4、GW5 和 GW1 等系列。为了熄灭小电流电弧，隔离开关安装有灭弧角条。采用的是三柱式结构。带有接地开关的隔离开关称接地隔离开关，可进行电气设备的短接、连锁和隔离，一般是用来将退出运行的电气设备和成套设备部分接地和短接。而接地开关是用于将回路接地的一种机械式开关装置。接地隔离开关在异常条件（如短路下），可在规定时间内承载规定的异常电流；在正常回路条件下，不要求承载电流。接地隔离开关大多与隔离开关构成一个整体，并且在接地开关和隔离开关之间有相互连锁装置。

### 2.4.1 隔离开关施工准备

隔离开关在电网设备中占比例较大，安装工作量很大，因此，安装前要根据设计图纸和现场情况，综合考虑机具、空间、通道、人员等情况，按先上后下、先内后外的顺序制定详细的安装程序，并做好以下准备工作。

1. 基础部分检查

（1）隔离开关基础标高、相间距离、柱间距离及平面位置符合设计要求。

（2）混凝土杆外观良好，无裂纹，铁件无锈蚀，外形尺寸符合要求。

（3）三柱式隔离开关的基础高差及中心偏移尺寸符合规定。

（4）金属支架镀锌层完好，无锈蚀。

（5）确认隔离开关的安装方向，并使同一轴线的隔离开关方向一致。

（6）柱顶铁件无变形、扭曲，加固筋齐全。

2. 开箱检查

（1）核对图纸，检查隔离开关总数及各型号隔离开关数量是否一致。

（2）核对型号规格是否与设计相符。对各箱件分组分类存放于室外或室内平整场地。

（3）检查隔离开关本体有无机械损伤，导电杆及触头有无变形，主闸刀、指形触头与柱形触头是否清洁，镀银层是否用凡士林保护，触指压力是否均匀，接触情况是否完好。

（4）检查可转动接线端子是否灵活，护罩是否完好，接线端子的接触面是否镀银。

（5）清洁绝缘子上的灰尘、油污等物，检查绝缘子有无裂纹、破损等缺陷，检查铁法兰与瓷件的胶合处有无松动、裂纹和锈蚀现象。

（6）检查各转动轴承转动是否灵活。

（7）检查各连接螺栓是否松动脱落。

（8）检查各附件是否齐全完整（包括产品说明书和合格证）。

（9）检查隔离开关底架有无变形、油漆脱落、锈蚀等缺陷，检查其尺寸是否与设计一致。

（10）检查所有的部件、附件、备品、备件应齐全，无损伤变形及锈蚀。

3. 隔离开关运到现场后的保管及要求

（1）设备应按其不同保管要求置于室内或室外平整、无积水的场地。

（2）设备及瓷件应安置稳妥，不得倾倒损坏。触头及操动机构的金属传动部件应有防锈措施。

4. 现场布置

（1）准备必要的器具。

（2）根据现场实际情况选择适当的吊具。

（3）在室内间隔墙的两面，以共同的双头螺栓安装隔离开关时，应保证其中一侧隔离开关拆除时，不影响另一侧隔离开关的固定。

### 2.4.2 隔离开关施工工艺及要求

（1）隔离开关安装时的检查，应符合下列要求：

① 接线端子及载流部分应清洁，且接触良好，触头镀银层无脱落。

② 绝缘子表面应清洁，无裂纹、破损、焊接残留斑点等缺陷，瓷铁黏合应牢固。

③ 隔离开关的底座转动部分应灵活，并应涂以适合当地气候特点的润滑脂。

④ 传动机构的部件应齐全，所有固定连接部件应紧固，转动部分应涂以适合当地气候特点的润滑脂。

（2）在室内间隔墙的两面，以共同的双头螺栓安装隔离开关时，应保证其中一侧隔离开关拆除时，不影响另一侧隔离开关的固定。

（3）隔离开关的组装应符合下列要求：

① 隔离开关的相间距离的误差，110 kV 及以下不应大于 10 mm，110 kV 以上不大于 20 mm，相间连杆应在同一水平线上。

② 支柱绝缘子应垂直于底座平面（V 型隔离开关除外），且连接牢靠。同一绝缘子柱的各绝缘子中心线应在同一垂直线上。同相各绝缘子柱的中心线应在同一垂直平面内。

③ 隔离开关的各支柱绝缘之间应连接牢靠。安装时可用金属垫片校正其水平或垂直偏差，使触头相互对准，接触良好，其缝隙应用腻子抹平后涂以油漆。

④ 均压环（罩）和屏蔽环（罩）应安装牢固、平正。

（4）传动装置的安装与调整，应符合下列要求：

① 拉杆应校直，与带电部分的距离应符合现行国家标准的有关规定。

② 拉杆的内径应与操动机构轴的直径相配合，两者间的间隙不应大于 1 mm。连接部分的销子不应松动。

③ 当拉杆损坏或折断可能接触带电部分而引起事故时，应加装保护措施。

④ 延长轴、轴承、联轴器、中间轴轴承及拐臂等传动部件，其安装位置应正确，固定应牢靠。传动齿轮应啮合准确，操作轻便灵活。

⑤ 定位螺钉应按产品的技术要求进行调整，并加以固定。

⑥ 所有传动部分应涂以适合当地气候条件的润滑脂。

⑦ 接地刀刃转轴上的扭力弹簧或其他拉伸式弹簧应调整到操作力矩最小，并加以固定。在垂直连杆上涂以黑色油漆。

（5）操动机构的安装调整，应符合下列要求：

① 操动机构应安装牢固，同一轴线上的操动机构安装位置应一致。

② 电动或气动操作前，应先进行多次手动分、合闸，机构动作应正常。

③ 电动机的转向应正确，机构的分、合闸指示应与设备的实际分、合闸位置相符。

④ 机构动作应平稳，无卡阻、冲击等异常情况。

⑤ 限位装置应准确可靠，到达规定分、合极限位置时，应可靠地切除电源或气源。

⑥ 管路中的管接头、阀门、工作缸等不应有渗漏现象。

⑦ 机构箱密封垫应完整。

⑧ 气动机构的空气压缩机及空气管路应符合制造厂的有关规定。

（6）当拉杆式手动操动机构的手柄位于上部或左端的极限位置，或蜗轮蜗杆式机构的手柄位于顺时针方向旋转的极限位置时，应是隔离开关或负荷开关的合闸位置。反之，应是分闸位置。

（7）隔离开关合闸后，触头间的相对位置、备用行程以及分闸状态时触头间的净距或拉开角度，应符合产品的技术规定。

（8）具有引弧触头的隔离开关由分到合时，在主动触头接触前，引弧触头应先接触。从合到分时，触头的断开顺序应相反。

（9）三相联动的隔离开关，触头接触时，不同期允许值应符合产品的技术规定。当无规定时，应符合：电压等级 10～35 kV 相差值 5 mm，电压等级 63～110 kV 相差值 10 mm，电压等级 220～550 kV 相差值为 20 mm。

（10）隔离开关的导电部分，应符合下列规定：

① 以 0.05 mm×10 mm 的塞尺检查，对于线接触应塞不进去。对于面接触，其塞入深度：在接触表面宽度为 50 mm 及以下时，不应超过 4 mm；在接触表面宽度为 60 mm 及以上时，不应超过 6 mm。

② 触头间应接触紧密，两侧的接触压力应均匀，且符合产品的技术规定。

③ 触头表面应平整、清洁，并涂以中性凡士林。载流部分的可挠连接不得有折损，连接应牢固，接触应良好。载流部分表面应无严重的凹陷及锈蚀。

④ 设备接线端子应涂以电力复合脂。

（11）隔离开关的闭锁装置应动作灵活、准确可靠，带有接地刀刃的隔离开关，接地刀刃与主触头间的机械或电气闭锁应准确可靠。

（12）隔离开关的辅助开关应安装牢固，并动作准确，接触良好。其安装位置应便于检查，装于室外时，应有防雨措施。

（13）人工接地开关的安装与调整，除应符合上述有关规定外，还应符合下列要求：

① 人工接地开关的动作应灵活可靠，其合闸时间应符合继电保护的要求。

② 人工接地开关的缓冲器应经详细检查，其压缩行程应符合产品的技术规定。

### 2.4.3 隔离开关工程交接验收

（1）隔离开关在验收时，应进行下列检查：

① 操动机构、传动装置、辅助开关及闭锁装置应安装牢固，动作灵活可靠，位置指示正确，无渗漏。

② 合闸时三相不同期值应符合产品的技术规定。

③ 相间距离及分闸时的触头打开角度和距离应符合产品的技术规定。

④ 触头应接触紧密良好。

⑤ 空气压缩装置及管道系统应符合有关规定。

⑥ 油漆应完整、相色标志正确，接地良好。

（2）隔离开关在验收时，应提交下列资料和文件：

① 变更设计的证明文件。

② 制造厂提供的产品说明书、试验合格证书及安装图纸等技术文件。

③ 安装技术记录。

④ 调整试验记录。

⑤ 备品、备件及专用工具清单。

# 2.5　互感器认识及安装

互感器是电流互感器和电压互感器的统称。它们实质上是一种特殊的变压器，又可称为仪用变压器或测量互感器。互感器是根据变压器的变压、变流原理将一次电量（电压、电流）转变为同类型的二次电量的电器，该二次电量可作为二次回路中测量仪表、保护继电器等设备的电源或信号源。

1. 互感器主要功能

（1）变换功能：将一次回路的大电压和大电流变换成适合仪表、继电器工作的小电压和小电流。

（2）隔离和保护功能：互感器作为一、二次回路之间的中间元件，不但使仪表、继电器等二次设备与一次主电路隔离，提高了电路工作的安全性和可靠性，而且有利于人身安全。

（3）扩大仪表、继电器等二次设备的应用范围：由于互感器的二次侧的电流或电压额定值统一规定为 5 A（1 A）及 100 V，通过改变互感器的变比，可以反映任意大小的主回路电压和电流值，而且便于二次设备制造规格的统一和批量生产。

2. 电流互感器

电流互感器简称 CT，文字符号为 TA，是变换电流的设备，高压电流互感器如图 2－5 所示。电流互感器的类型如下：

（1）按一次电压分，可分为高压和低压两大类。

（2）按一次绕组匝数分可分为单匝式（包括母线式、芯柱式、套管式）和多匝式（包括线圈式、线环式、串级式）。

（3）按用途分，可分为测量用和保护用两大类。

（4）按准确度级分，可分为测量用电流互感器，有 0.1，0.2，0.5，1，3，5 等级；保护用电流互感器，一般为 5P 和 10P 两级。

图 2－5　高压电流互感器

（5）按绝缘介质类型分，可分为油浸式、环氧树脂浇注式、干式、$SF_6$ 气体绝缘等。

（6）按铁芯分，可分为同一铁芯和分开（两个）铁芯两种。高压电流互感器通常有两个不同准确度级的铁芯和二次绕组，分别接测量仪表和继电器。因为测量用的电流互感器的铁芯在一次电路短路时易于饱和，以限制二次电流的增长倍数，保护仪表。保护用的电流互感器铁芯则在一次电路短路时不应饱和，二次电流与一次电流成比例增长，以保证保护灵敏度的要求。

3. 电压互感器

电压互感器简称 PT，文字符号为 TV，它是变换电压的设备。电压互感器的类型主要有：

（1）按绝缘介质分，有油浸式、干式（含环氧树脂浇注式）两类。

（2）按使用场所分，有户内式和户外式。

（3）按相数来分，有三相式、单相式。

（4）按电压分，有高压（1 kV 以上）和低压（0.5 kV 及以下）。

（5）按绕组分，有三绕组、双绕组。

（6）按用途来分，测量用的电压互感器准确度要求较高，规定为 0.1、0.2、0.5、1、3，保护用的电压互感器准确度较低，一般有 3P 级和 6P 级，其中用于小接地系统电压互感器（如三相五芯柱式）的辅助二次绕组准确度级规定为 6P 级。

（7）按结构原理分，有电容分压式、电磁感应式。

### 2.5.1 互感器的施工准备

1. 施工技术准备

（1）互感器的安装应遵守一定的工序。

（2）施工前应到现场检查是否具备安装条件，并编制详细的安装及施工技术措施方案。

（3）开箱资料清点：出厂合格证、安装使用维护说明书、出厂试验报告等。

2. 外观检查

（1）互感器外观应完整，附件应齐全，无锈蚀或机械损伤。油浸式互感器油位应正常，密封应良好，无渗油现象。

（2）电容式电压互感器的电磁装置和谐振阻尼器的封铅应完好。

3. 器身检查

（1）螺栓应无松动，附件完整。

（2）铁芯应无变形且清洁、紧密、无锈蚀。

（3）绕组绝缘应完好，连接正确、紧固。

（4）绝缘支持物应牢固，无损伤，无分层分裂。

（5）内部应清洁，无污垢杂物。

（6）穿芯螺栓应绝缘良好。

（7）制造厂有特殊规定时，还应符合规范的有关规定。

4. 电阻测量

（1）绕组绝缘电阻的测量：测量一次绕组对二次绕组及外壳、各二次绕组间的绝缘电阻。35 kV 及以上的互感器的绝缘电阻值与产品出厂试验应无明显差别。

（2）测量电压互感器一次绕组的直流电阻值：与产品出厂值或同批相同型号产品的值相比，应无明显差别。当继电保护对电压互感器的励磁特性有要求时，应进行励磁特性试验。当电流互感器为多抽头时，可以使用抽头或最大抽头测量。同型式电流互感器特性比较，应无明显差别。

### 2.5.2　互感器的施工工艺及质量标准

1. 互感器安装时的检查

（1）互感器的变比分接头的位置和极性应符合规定。

（2）二次接线板应完整，引线端子应连接牢固、绝缘良好，标志清晰。

（3）油位指示器、瓷套法兰连接处、放油阀均应无渗油现象。

（4）隔膜式储油柜和金属膨胀器应完好无损，顶盖螺栓紧固。

（5）整体吊装时，吊索应固定在规定的吊环上，不得利用瓷裙起吊，并不得碰伤瓷套。

2. 油浸式互感器安装时注意事项

（1）安装面应水平，并列安装的应排列整齐，同一组互感器的极性方向应一致。

（2）应具有油压膨胀器和油位指示器，指示油位是否正常。油面不许太高或太低，一般距油箱盖 10～15 mm。油位指示偏高，会使密封式互感器内产生较大的压力；偏低，运行时易引起互感器绕组过热或绝缘损坏，此时应添加合格的变压器油。

（3）一次母线的安装不应使互感器承受任何机械应力。

（4）具有等电位弹簧支点的母线、贯穿式电流互感器的所有弹簧支点应牢固，并与母线接触良好，母线应位于互感器中心。

（5）具有吸湿器的互感器其吸湿剂应干燥，油封油位正常。吸湿器出厂时，有时与本体分装发运，安装前应注意检查。

（6）互感器的呼吸孔塞子带垫片时，应将垫片取下。

3. 电容式电压互感器安装时注意事项

（1）必须根据产品成套供应的组件编号进行安装，不得互换。

（2）各组件连接处的接触面应除去氧化层，并涂以电力复合脂。

（3）阻尼器装于室外时，应有防雨设施。

零序电流互感器的安装不应使构架或其他导磁体与互感器铁芯直接接触，或与其构成分磁回路。

4. 互感器接地

互感器的下列各部位应良好接地：

（1）分级绝缘的电压互感器，其一次绕组的接地引出端子，电容式电压互感器应按制造厂的规定执行。

（2）电容型绝缘的电流互感器，其一次绕组末屏的引出端子、铁芯引出接地端子。

（3）互感器的外壳。

（4）备用的电流互感器的二次绕组端子应先短路后按地。

（5）倒装式电流互感器二次绕组的金属导管。

### 2.5.3　互感器的工程交接验收

1. 验收检查

在验收时，应进行下列检查：

（1）设备外观应完整无缺损。

（2）油浸式互感器应无渗油，油位指示应正常。

（3）保护间隙的距离应符合规定。

（4）油漆应完整，相色应正确。

（5）接地应良好。

2. 验收交接

在验收时，应移交下列资料和文件：

（1）变更设计的证明文件。

（2）制造厂提供的产品说明书、试验记录、合格证件及安装图纸等技术文件。

（3）安装技术记录，器身检查记录、干燥记录。

（4）试验报告。

## 2.6 避雷器认识及安装

避雷器（文字符号为F）是用于保护电力系统中电气设备的绝缘免受沿线路传来的雷电过电压的损害，或避免由操作引起的内部过电压损害的保护设备，是电力系统中重要的保护设备之一。变配电所避雷器如图2－6所示。

避雷器必须与被保护设备并联连接，而且须安装在被保护设备的电源侧，当线路上出现危险的过电压时，避雷器的火花间隙会被击穿，或者由高阻变为低阻，通过避雷器的接地线使过电压对大地放电，以保护线路上的设备免受过电压的危害。

目前，国内使用的避雷器有阀式避雷器（包括普通阀式避雷器FS、FZ型和磁吹阀式避雷器)、金属氧化物避雷器、排气式避雷器（管型避雷器）和保护间隙。

金属氧化物避雷器又称氧化锌避雷器，是一种新型避雷器，是传统碳化硅阀式避雷器的更新换代产品，在电站及变电所中已得到了广泛的应用。

排气式避雷器主要用于室外不重要的架空线路上，在工厂变配电所中使用较少。

图2－6　变配电所避雷器

### 2.6.1　避雷器的施工准备

1. 避雷器安装前的检查

（1）检查有无在运输中造成避雷器瓷套破损。

（2）瓷套与法兰连接处应密封牢固，法兰接触面应清洁，无氧化物和其他杂物。

（3）铭牌额定电压等级应与设计要求一致。

（4）产品出厂合格证、出厂试验报告、说明书等技术资料应齐全。

2. 现场布置

安装地点应具备下列安装条件：

（1）中心线及高度应符合要求。

（2）户外座装式避雷器一般由 4 个与底座绝缘的螺栓与基础相固定，所以基础一定要牢固，预埋螺栓定位准确。

（3）避雷器应保证固定牢固、接地可靠，相间有足够的绝缘距离。

### 2.6.2　阀式避雷器的安装

（1）避雷器不得任意拆开、破坏密封和损坏元件。

（2）避雷器在运输存放过程中应立放，不得倒置和碰撞。

（3）施工准备安装前，应进行下列检查：

① 瓷件应无裂纹、破损，瓷套与铁法兰间的黏合应牢固，法兰泄水孔应通畅。

② 磁吹阀式避雷器的防爆片应无损坏和裂纹。

③ 组合单元应经试验合格，底座和拉紧绝缘子绝缘应良好。

④ 运输时用以保护金属氧化物避雷器防爆片的上下盖子应取下，防爆片应完整无损。

⑤ 金属氧化物避雷器的安全装置应完整无损。

（4）施工工艺要求及质量标准：

① 避雷器组装时，其各节位置应符合产品出厂标志的编号。

② 带串、并联电阻的阀式避雷器安装时，同相组合单元间的非线性系数的差值应符合现行国家标准 GB 50150—2016《电气装置安装工程电气设备交接试验标准》的规定。

③ 避雷器各连接处的金属接触表面，应除去氧化膜及油漆，并涂一层电力复合脂。

④ 并列安装的避雷器三相中心应在同一条线上，铭牌应位于易于观察的同一侧。避雷器应垂立安装，其垂直度应符合制造厂的规定，如有歪斜，可在法兰间加金属片校正，但应保证其导电良好，并将其缝隙用腻子抹平后涂以油漆。

⑤ 拉紧绝缘子串必须紧固，弹簧应能伸缩自如，同相各拉紧绝缘子串的拉力应均匀。

⑥ 均压环应安装水平，不得歪斜。

⑦ 放电计数器应密封良好、动作可靠，并应按产品的技术规定连接；安装位置应一致，且便于观察；接地应可靠；放电计数器应恢复至零位。

⑧ 金属氧化物避雷器的排气通道应通畅，排出的气体不致引起相间或对地闪络，并不得喷及其他电气设备。

⑨ 避雷器引线的连接不应使端子受到超过允许的外加应力。

### 2.6.3 排气式避雷器的安装

1. 准备安装前的检查

（1）排气式避雷器的灭弧间隙不得任意拆开调整，其喷口处的灭弧管内径应符合产品的技术规定。

（2）绝缘管壁应无破损、裂痕，漆膜无剥落，管口无堵塞。

（3）绝缘应良好，试验合格。

（4）配件应齐全。

2. 施工工艺要求及质量标准

（1）排气式避雷器的安装，应符合下列要求：

① 避雷器应在管体的闭口端固定，开口端指向下方。当倾斜安装时，其轴线与水平方向的夹角对于普通排气式避雷器不应小于15°，对于无续流避雷器不应小于45°。装于污秽地区时应增大倾斜角度。

② 避雷器安装方位，应使其排出的气体不致引起相间或对地闪络，也不得喷及其他电气设备。

③ 动作指示盖应向下打开。

④ 避雷器及其支架必须安装牢固。

⑤ 应便于观察和检修。

⑥ 无续流避雷器的高压引线与被保护设备的连接线长度应符合产品的技术规定。

（2）隔离间隙的安装应符合下列要求：

① 隔离间隙电极的制作应符合设计要求，铁质材料制作的电极应镀锌。

② 隔离间隙轴线与避雷器管体轴线的夹角不应小于45°。

③ 隔离间隙宜水平安装。

④ 隔离间隙必须安装牢固，其间隙距离应符合设计规定。

⑤ 无续流排气式避雷器的隔离间隙应符合产品的技术规定。

### 2.6.4 金属氧化物避雷器的安装

氧化锌避雷器是一种新型避雷器。这种避雷器的阀片以氧化锌为主要原料，附以少量其他金属氧化物，经高温焙烧而成。氧化锌阀片具有非常理想的非线性伏安特性，在工作电压下，流经氧化锌阀片的电流仅为 1 mA，此时的阀片相当于绝缘体。当作用于阀片上的电压超过某一定值（动作电压）时，阀片将“导通”，当加在阀片上的电压降低到动作电压以下时，阀片“导通”终止，阀片又处于绝缘状态。因此，不存在工频续流。氧化锌避雷器因无间隙，所以瓷套表面污秽对它的电压分布及放电电压基本上无影响，特别适用于污秽地区。因无续流，故也适用于直流。

氧化锌避雷器的安装要求与阀式避雷器相同，只需增做以下试验：

（1）测量持续电流。

（2）测量工频参考电压或直流参考电压。

### 2.6.5　避雷器的工程交接验收

1. 在验收时的检查

（1）现场制作件应符合设计要求。

（2）避雷器外部应完整无缺损，封口处密封良好。

（3）避雷器应安装牢固，其垂直度应符合要求，均压环应保持水平。

（4）阀式避雷器拉紧绝缘子应紧固可靠，受力均匀。

（5）放电计数器密封应良好，绝缘垫及接地应良好、牢靠。

（6）排气式避雷器的倾斜角和隔离间隙应符合要求。

（7）油漆应完整，相色正确。

2. 在验收时提交的材料和文件

（1）变更设计的证明文件。

（2）制造厂提供的产品说明书、试验记录、合格证书及安装图纸等技术文件。

（3）安装技术记录。

（4）调整试验记录。

# 第3章 供配电系统的运行

## 3.1 倒闸操作

电气设备通常有三种状态，分别为运行、备用（包括冷备用及热备用）、检修。电气设备由于周期性检查、试验或事故处理等原因，需操作断路器、隔离开关等设备来改变其运行状态，这种将设备由一种状态转变为另一种状态的过程叫倒闸，所进行的操作叫倒闸操作。

倒闸操作是电气值班人员及电工的一项经常性的重要工作，操作人员在进行倒闸操作时，必须具备高度的责任心，严格执行有关规章制度。因为，在倒闸操作时，稍有疏忽就可能造成严重事故，给人身和设备安全带来危险，造成难以挽回的损失。

实际上，事故处理时所进行的操作，是特定条件下的一种紧急倒闸操作。

### 3.1.1 倒闸操作的基本知识

1. 设备工作状态的类型

电气设备的工作状态通常分为如下 4 种：

（1）运行中。隔离开关和断路器已经合闸，使电源和用电设备连成电路。

（2）热备用。电气设备的电源由于断路器的断开已停止运行，但断路器两端的隔离开关仍处于合闸位置。

（3）冷备用。设备所属线路上的所有隔离开关和断路器均已断开。

（4）检修中。不仅设备所属线路上的所有隔离开关和断路器已经全都断开，而且悬挂“有人工作，禁止合闸”的警告牌，并装设遮拦及安装临时接地线。

区别以上几种状态的关键在于判定各种电气设备是处于带电状态还是断电状态。可以通过观察开关所处的状态、电压表的指示、信号灯的指示及验电器的测试反应来判定。

2. 电力系统设备的标准名称及编号

为了便于操作，利于管理，保证操作的正确性，应熟悉电力系统设备的标准名称，并对设备进行合理编号。电力系统主要设备的标准名称见表 3－1。

设备的编号全国目前还没有统一的标准，但有些电力系统和有些地区按照历史延续下来的习惯对设备进行编号，以便调度工作及倒闸操作。所以，各供电部门可按照本部门的历史习惯对设备进行编号。在编号时要注意一一对应，确保无重号现象，要能体现设备的电压等级、性质、用途以及与馈电线的相关关系，并且有一定的规律性，便于掌握和记忆。

**表 3－1　电力系统主要设备的标准名称**

| 编号 | 设备名称 | | 调度操作标准名称 |
|---|---|---|---|
| 1 | 母线 | 母线 | ____（正、负） |
| | | 电抗母线 | 电抗母线 |
| | | 旁路母线 | 旁路母线 |
| 2 | 开关 | 油断路器、空气断路器、真空断路器、$SF_6$ 断路器 | ××断路线（×号断路器） |
| | | 母线联络开关 | 母线（×）开关（×号开关） |
| | | 旁路开关、旁联开关 | 旁路开关、旁联开关 |
| | | 母线分段开关 | 分段（×）开关 |
| | 隔离开关 | 隔离开关 | ××刀闸（×号）刀闸 |
| | | 母线侧隔离开关 | 母线刀闸（×母刀闸） |
| | | 线路侧隔离开关 | 线路刀闸 |
| | | 变压器侧隔离开关 | 变压器刀闸 |
| 3 | | 变压器中性点接地用隔离开关 | 主变（××kV）中性点接地刀闸 |
| | | 避雷器隔离开关 | 避雷器刀闸 |
| | | 电压互感器隔离开关 | 压变刀闸 |
| | | | |
| | | | |
| | | | |
| | | | |

| 编号 | 设备名称 | | 调度操作标准名称 |
|---|---|---|---|
| 4 | 变压器 | 系统主变压器 | __号主变 |
| | | 变电所用变压器 | __号所用变 |
| | | 系统联络变压器 | __号联变 |
| | | 系统中性点接地变压器 | 接地变 |
| 5 | 电流互感器 | | 流变 |
| 6 | 电压互感器 | | 压变 |
| 7 | 电缆 | | 电缆 |
| 8 | 电容器 | | ×号电容器 |
| 9 | 避雷器 | | ××避雷器 |
| 10 | 消弧线圈 | | ×消弧线圈 |
| 11 | 调压变压器 | | ×号调压变 |
| 12 | 电抗器 | | 电抗器 |
| 13 | 耦合电容器 | | 耦合电容器 |
| 14 | 阻波器 | | 阻波器 |
| 15 | 三相重合闸 | | 重合闸 |
| 16 | 过载连切装置 | | 过载连切装置 |

3. 电力系统常用的操作术语

为了准确进行倒闸操作，应熟悉电力系统的操作术语。电力系统常见操作术语见表 3-2。

表 3-2　电力系统常见操作术语

| 编号 | 操作术语 | 含　义 |
|---|---|---|
| 1 | 操作命令 | 值班调度员对其所管辖的设备为变更电气接线方式和事故处理而发布的倒闸操作命令 |
| 2 | 合上 | 把开关或刀闸放在接通位置 |
| 3 | 拉开 | 把开关或刀闸放在切断位置 |
| 4 | 跳闸 | 设备自动从接通位置改成断开位置（开关或主汽门等） |
| 5 | 倒母线 | 母线刀闸从一组母线倒换至另一组母线 |
| 6 | 冷倒 | 开关在热备用状态，拉开母线刀闸，合上（另一组）母线刀闸 |
| 7 | 强送 | 设备因故障跳闸后，未经检查即送电 |
| 8 | 试送 | 设备因故障跳闸后，经初步检查后再送电 |
| 9 | 充电 | 不带电设备与电源接通 |
| 10 | 验电 | 用校验工具验明设备是否带电 |
| 11 | 放电 | 设备停用后，用工具将静电放去 |
| 12 | 挂（拆）接地线或合上（拉开）接地刀闸 | 用临时接地线（或接地刀闸）将设备与大地接通（或拆开） |
| 13 | 带电拆装 | 在设备带电状态下进行拆断或接通安装 |
| 14 | 短接 | 用临时导线将开关或刀闸等设备跨越（旁路）连接 |
| 15 | 拆引线或接引线 | 架空线的引下线或弓字线的接头拆断或接通 |
| 16 | 消弧线圈从×调到× | 消弧线圈调分接头 |
| 17 | 线路事故抢修 | 线路已转为检修状态，当检查到故障点后，可立即进行事故抢修工作 |
| 18 | 拉路 | 将向用户供电的线路切断停止送电 |
| 19 | 校验 | 预测电气设备是否在良好状态，如安全自动装置、继电保护等 |
| 20 | 信号掉牌 | 继电保护动作发出信号 |
| 21 | 信号复归 | 将继电保护的信号牌恢复原位 |
| 22 | 放上或取下熔断器（或压板） | 将保护熔断器（或继电保护压板）放上或取下 |
| 23 | 启用（或停用）××（设备）××（保护）×段 | 将××（设备）××（保护）×段跳闸压板投入（或断开） |
| 24 | ××保护由跳××开关改为跳××开关 | ××保护由投跳××开关，改为投跳××开关而不跳原来开关（如同时跳原来开关，则应说明改为跳××××开关） |

### 3.1.2　倒闸操作技术

电气设备的操作、验电、挂地线是倒闸操作的基本功，为了保证操作的正常进行，需熟练掌握这些基本功。

1. 电气设备的操作

（1）断路器的操作。

① 断路器不允许现场带负载手动合闸，因为手动合闸速度慢，易产生电弧灼烧触头，从而导致触头损坏。

② 断路器拉合后，应先查看有关的信息装置和测量仪表的指示，判断断路器的位置，而且还应该到现场查看其实际位置。

③ 断路器合闸送电或跳闸后试发，工作人员应远离现场，以免因带故障合闸造成断路器损坏时发生意外。

④ 拒绝拉闸或保护拒绝跳闸的断路器，不得投入运行或列为备用。

（2）高压隔离开关的操作。

① 手动闭合高压隔离开关时，应迅速果断，但在合到底时不能用力过猛，防止产生的冲击导致合过头或损坏支持绝缘子。如果一合上隔离开关就发生电弧，应将开关迅速合上，并严禁往回拉，否则，将会使弧光扩大，导致设备损坏更严重。如果误合了隔离开关，只能用断路器切断回路后，才允许将隔离开关拉开。

② 手动拉开高压隔离开关时，应慢而谨慎，一般按“慢—快—慢”的过程进行操作。刚开始要慢，便于观察有无电弧。如有电弧应立即合上，停止操作，并查明原因。如无电弧，则迅速拉开。当隔离开关快要全部拉开时，反应稍慢些，避免冲击绝缘子。切断空载变压器、小容量的变压器、空载线路和系统环路等时，虽有电弧产生，也应果断而迅速地拉开，促使电弧迅速熄灭。

③ 对于单相隔离开关，拉闸时，先拉中相，后拉边相；合闸操作则相反。

④ 隔离开关拉合后，应到现场检查其实际位置；检修后的隔离开关，应保持在断开位置。

⑤ 当高压断路器与高压隔离开关在线路中串联使用时，应按顺序进行倒闸操作，合闸时，先合隔离开关，再合断路器；拉闸时，先拉开断路器，再拉隔离开关。这是因为隔离开关和断路器在结构上的差异：隔离开关在设计时，一般不考虑直接接通或切断负荷电流，所以没有专门的灭弧装置，如果直接接通或切断负荷电流会引起很大的电弧，易烧坏触头，并可能引起事故。而断路器具有专门的灭弧装置，所以能直接接通或者切断负荷电流。

2. 验电操作

为了保证倒闸过程安全顺利地进行，验电操作必不可少。如果忽视这一步，可能会造成带电挂地线、相与相短路等故障，从而造成经济损失和人身伤害等事故，所以验电操作是一项很重要的工作，切不可等闲视之。

（1）验电的准备。

验电前，必须根据所检验的系统电压等级来选择与电压相配的验电器。切忌“高就低”或“低就高”。为了保证验电结果的正确，有必要先在有电设备上检查验电器，确认验电器良好。如果是高压验电，操作人员还必须戴绝缘手套。

（2）验电的操作。

① 一般验电，不必直接接触带电导体，验电器只要靠近导体一定距离就会发光（或有声光报警），而且距离越近，亮度（或声音）就越强。

② 对架构比较高的室外设备，须借助绝缘拉杆验电。如果绝缘拉杆钩住或顶着导体，即使有电也不会有火花和放电声，为了保证观察到有电现象，绝缘拉杆与导体应保持虚接或在导体表面来回蹭，如果设备有电，就会产生火花和放电声。

3. 装设接地线

验明设备已无电压后，应立即安装临时接地线，将停电设备的剩余电荷导入大地，以防止突然来电或感应电压。接地线是电气检修人员的安全线和生命线。

（1）接地线的装设位置。

① 对于可能送电到停电检修设备的各方面均要安装接地线。如变压器检修时，高低压侧均要接地线。

② 停电设备可能产生感应电压的地方，应接地线。

③ 检修母线时，母线长度在 10 m 及以下，可装设一组接地线。

④ 在电气设备上不相连接的几个部位检修时，如隔离开关、断路器分成的几段，各段应分别验电后，进行接地短路。

⑤ 在室内，短路端应装在装置导电部分的规定地点，接地端应装在接地网的接头上。

（2）接地线的装设方法。

必须由两人进行：一人操作规程，一人监护；装设时，应先检查地线，然后将良好的接地线接到接地网的接头上。

### 3.1.3 倒闸操作步骤

倒闸操作有正常情况下的操作和有事故情况下的操作两种。在正常情况下应严格执行“倒闸操作票”制度。《电业安全工作规程》规定：在 1 kV 以上的设备上进行倒闸操作时，必须根据值班调度员或值班负责人的命令，受令人复诵无误后执行。操作人员应按规定格式（见表 3－3）填写操作票。

表 3－3　倒闸操作票

| 操作开始时间 | | 终了时间 |
| --- | --- | --- |
| 操作任务： | | |
| | 顺序 | 操作项目 |
| | | |
| | | |
| | | |
| | | |
| | | 全面检查 |
| | | 以下空白 |
| 备注：已执行章 | | |

变配电所的倒闸操作步骤可以参照下列步骤进行：

（1）接受主管人员的预发命令。在接受预发命令时，要停止其他工作，并将记录内容向主管人员复诵，核对其正确性。对枢纽变电所等处的重要倒闸操作应有两人同时听取和接受主管人员的命令。

（2）填写操作票。值班人员根据主管人员的预发令，核对模拟图，核对实际设备，参照典型操作票，认真填写操作票，在操作票上逐项填写操作项目。填写操作票的顺序不可颠倒，字迹清楚，不得涂改，不得用铅笔填写。在事故处理、单一操作、拉开接地刀闸或拆除全所仅有的一组接地线时，可不用操作票，但应该将上述操作记录于运行日志或操作记录本上。

操作票里应填入如下内容：应拉合的开关和刀闸；检查开关和刀闸的位置；检查负载分配；装拆接地线；安装或拆除控制回路、电压互感器回路的熔断器；切换保护回路并检验是否确无电压。

（3）审查操作票。操作票填写完毕后，写票人自己应进行核对，认为确定无误后，再交监护人审查。监护人应对操作票的内容逐项审查，对上一班预填的操作票，即使不是在本班执行，也要根据规定进行审查。审查中若发现错误，应由操作人重新填写。

（4）接受操作命令。在主管人员发布操作任务或命令时，监护人和操作人应同时在场，仔细听清主管人员发布的命令，同时要核对操作票上的任务与主管人员所发布的任务是否完全一致，并由监护人按照填写好的操作票向发令人复诵，经双方核对无误后，在操作票上填写发令时间，并由操作人和监护人签名。这样，这份操作票才合格可用。

（5）预演。操作前，操作人、监护人应先在模拟图上按照操作票所列的顺序逐项唱票预演，再次对操作票的正确性进行核对，并相互提醒操作的注意事项。

（6）核对设备。到达操作现场后，操作人应先站准位置核对设备名称和编号，监护人核对操作人所站的位置、操作设备名称及编号是否正确无误。检查核对后，操作人穿戴好安全用具，眼看编号，准备操作。

（7）唱票操作。当操作人准备就绪，监护人按照操作票上的顺序高声唱票，每次只准唱一步。严禁凭记忆不看操作票唱票，严禁看编号唱票。此时操作人应仔细听监护人唱票并看准编号，核对监护人所发命令的正确性。当操作人认为无误时，开始高声复诵并用手指向编号，做出操作手势。严禁操作人不看编号凭感觉复诵。在监护人认为操作人复诵正确，两人一致认为无误后，监护人发出“对，执行”的命令，操作人方可进行操作并记录操作开始时间。

（8）检查。每一步操作完毕后，应由监护人在操作票上打一个“ √ ”号，同时两人应到现场检查操作的正确性，如设备的机械指示、信号指示灯、表、计变化情况等，用以确定设备的实际分合位置。监护人勾票后，应告诉操作人下一步的操作内容。

（9）汇报。操作结束后，应检查所有操作步骤是否全部执行，然后由监护人在操作票上填写操作的结束时间，并向主管人员汇报。对已执行的操作票，在工作日志和操作记录本上做好记录，并将操作票归档保存。

（10）复查评价。变配电所值班负责人要召集全班，对本班已执行完毕的各项操作进行复查，评价总结经验。

### 3.1.4 倒闸操作实例

执行某一操作任务时，首先要掌握电气接线的运行方式、保护的配置、电源及负荷的功率分布情况，然后依据命令的内容填写操作票。操作项目要全面，顺序要合理，以保证操作的正确、安全。

下面以某 66 kV/10 kV 变配电所的部分倒闸操作为例进行讲解。

［**例 3－1**］图 3－1 为该变配电所的电气系统图。

任务：填写线路 WL1 的停电操作票。

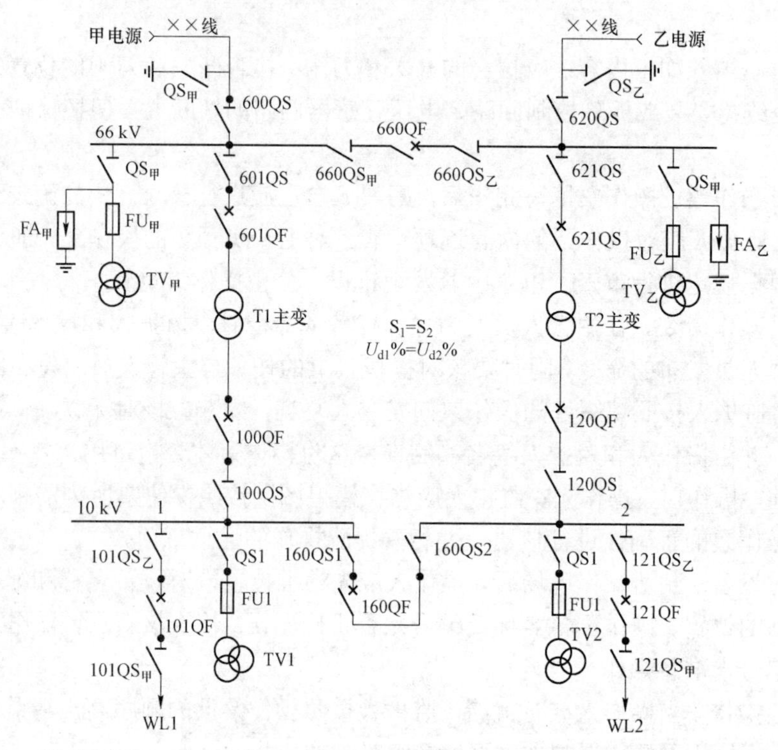


图 3－1　某工厂 66 kV/10 kV 变配电所电气主结线运行方式图

（1）图 3－1 中的运行方式。

欲停电检修 101 断路器，填写 WL1 停电倒闸操作票，其停电操作详见表 3－4。

**表 3－4　变配电所倒闸操作票**

<table>
<tr><td colspan="2">操作开始时间××××年×月××日××时××分</td><td>终了时间××日××时××分</td></tr>
<tr><td colspan="3">操作任务：10 kV 1 段 WL 2 线路停电</td></tr>
<tr><td></td><td>顺序</td><td>操作项目</td></tr>
<tr><td></td><td>（1）</td><td>拉开 WL1 线路 101 断路器</td></tr>
<tr><td></td><td>（2）</td><td>检查 WL1 线路 101 断路器确定在开位，开关盘表计指示正确 0 A</td></tr>
<tr><td></td><td>（3）</td><td>取下 WL1 线路 101 断路器操作直流保险</td></tr>
</table>

续表

| | 顺序 | 操作项目 |
|---|---|---|
| | （4） | 拉开 WL1 线路 101 甲刀开关 |
| | （5） | 检查 WL1 线路 101 甲刀开关确定在开位 |
| | （6） | 拉开 WL1 线路 101 乙刀开关 |
| | （7） | 检查 WL1 线路 101 乙刀开关确定在开位 |
| | （8） | 停用 WL1 线路保护跳闸压板 |
| | （9） | 在 WL1 线路 101 断路器至 101 乙刀开关间三相验电确定无电压 |
| | （10） | 在 WL1 线路 101 断路器至 101 乙刀开关间装设 1 号接地线一组 |
| | （11） | 在 WL1 线路 101 断路器至 101 甲刀开关间三相验电确定无电压 |
| | （12） | 在 WL1 线路 101 断路器至 101 甲刀开关间装设 2 号接地线一组 |
| | （13） | 全面检查 |
| | | 以下空白 |
| 备注：　　　　　　已执行章 | | |

（2）101 断路器检修完毕的送电操作。

图 3－1 中 101 断路器检修完毕，恢复 WL1 线路送电的操作要与线路 WL1 停电操作票的操作顺序相反。但应注意恢复送电票表与表 3－4 略有不同，其第（1）项应是“收回工作票”；第（2）项应是“检查 WL1 线路上 101 断路器、101 甲刀开关间、2 号接地线一组和 WL1 线路上的 101 断路器、101 乙刀开关间、1 号接地线一组确定已拆除”或“检查 1 号、2 号接地线，共两组确已拆除”；之后从第（3）项开始按停电操作票的相反顺序填写。

## 3.2　无功补偿

### 3.2.1　工厂的功率因数

1. 瞬时功率因数

瞬时功率因数可由功率因数表（相位表）直接测量，亦可由功率表、电流表和电压表的读数按下式求出（间接测量）：

$$\cos\varphi = P/(\sqrt{3}IU) \tag{3-1}$$

式中，$P$ 为功率表测出的三相功率读数（单位 kW）；$I$ 为电流表测出的线电流读数（单位 A）；$U$ 为电压表测出的线电压读数（单位 kV）。

瞬时功率因数用来了解和分析工厂或设备在生产过程中无功功率的变化情况，以便采取适当的补偿措施。

2. 平均功率因数

平均功率因数亦称加权平均功率因数，按下式计算：

$$\cos\varphi = W_{\mathrm{p}} / \sqrt{W_{\mathrm{p}}^2 + W_{\mathrm{q}}^2} = 1 / \sqrt{1 + (W_{\mathrm{q}} / W_{\mathrm{p}})^2} \tag{3-2}$$

式中，$W_{\mathrm{p}}$ 为某一时间内消耗的有功电能，由有功电度表读出；$W_{\mathrm{q}}$ 为某一时间内消耗的无功电能，由无功电度表读出。

我国电业部门每月向工业用户收取电费，就规定电费要按月平均功率因数的高低来调整。

3. 最大负荷时的功率因数

最大负荷时的功率因数指在年最大负荷（即计算负荷）时的功率因数，按下式计算：

$$\cos\varphi = P_{30} / S_{30} \tag{3-3}$$

根据《供电营业规则》规定："无功电力应就地平衡。用户应在提高用电自然功率因数的基础上，按有关标准设计和安装无功补偿设备，并做到随其负荷和电压变动及时投入或切除，防止无功电力倒送。除对电网有特殊要求的用户外，用户在当地供电企业规定的电网高峰负荷时的功率因数，应达到下列规定：100kVA 及以上高压供电的用户功率因数为 0.90 以上。其他电力用户和大、中型电力排灌站、趸购转售电企业，功率因数为 0.85 以上。农业用电，功率因数为 0.80 及以上。"这里所指的功率因数，即为最大负荷时功率因数。

### 3.2.2 无功功率补偿

电力系统在运行过程中，无论是公用还是民用，都存在大量感性负载，如工厂中的感应电动机、电焊机等，致使电网无功功率增加，对电网的安全经济运行及电气设备的正常工作产生一系列危害，使负载功率因数降低，供配电设备使用效能得不到充分发挥，设备的附加功耗增加。

如在充分发挥设备潜力、改善设备运行性能、提高其自然功率因数的情况下，尚达不到规定的功率因数要求时，则需考虑人工无功功率补偿。

对于功率因数提高与无功功率和视在功率变化的关系：假设功率因数由 $\cos\varphi_1$ 提高到 $\cos\varphi_2$，这时在有功功率 $P_{30}$ 不变的条件下，无功功率将由 $Q_{30.1}$ 减小到 $Q_{30.2}$，视在功率将由 $S_{30.1}$ 减小到 $S_{30.2}$，从而负荷电流 $I_{30}$ 也得以减小，这将使系统的电能损耗和电压损耗相应降低，既节约了电能，又提高了电压质量，而且可选较小容量的供电设备和导线电缆，因此提高功率因数对电力系统大有好处。无功功率补偿原理如图 3-2 所示。

要使功率因数由 $\cos\varphi_1$ 提高到 $\cos\varphi_2$，所需的无功补偿装置容量为

$$Q_{\mathrm{C}} = Q_{30.1} - Q_{30.2} = P_{30}(\tan\varphi_1 - \tan\varphi_2) = \Delta q_{\mathrm{C}} P_{30} \tag{3-4}$$

式中，$\Delta q_{\mathrm{C}}$ 为无功补偿率（比补偿容量），是表示要使 1 kW 的有功功率由 $\cos\varphi_1$ 提高到 $\cos\varphi_2$ 所需要的无功补偿容量 kVA 值。

在确定了总的补偿容量后，可根据所选并联电容器的单个容量来确定所需的补偿电容器个数：

$$n = Q_{\mathrm{C}} / q_{\mathrm{C}} \tag{3-5}$$

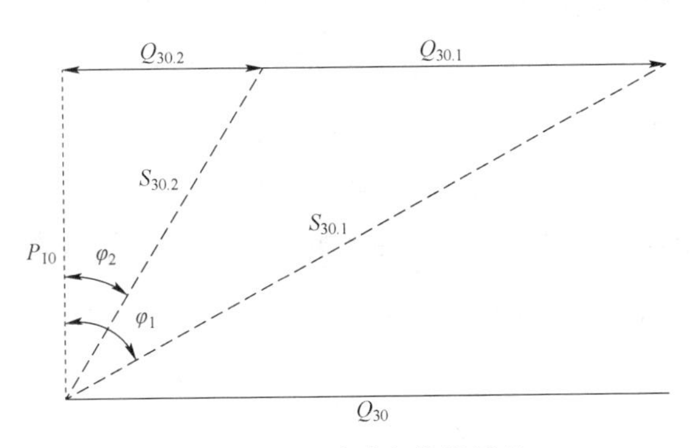


图 3－2　无功功率补偿原理

由式（3－5）计算出的电容器个数，对于单相电容器，应取 3 的倍数，以便三相均衡分配。

### 3.2.3　无功补偿后的总计算负荷确定

供配电系统在装设了无功补偿装置后，在确定补偿装置装设地点的总计算负荷时，应先扣除无功补偿的容量，即补偿后的总的无功计算负荷为：

$$Q'_{30} = Q_{30} - Q_C \tag{3-6}$$

补偿后的总的视在计算负荷应为：

$$S'_{30} = \sqrt{P_{30}^2 + (Q_{30} - Q_C)^2} \tag{3-7}$$

由式（3－7）可以看出，在变电所低压侧装设了无功补偿装置以后，由于低压侧总的视在计算负荷减小，从而可使变电所主变压器的容量选得小一些。这不但降低了变电所的初投资，而且可减少用户的电费开支。

对于低压配电网的无功补偿，通常采用负荷侧集中补偿方式，即在低压系统（如变压器的低压侧）利用自动功率因数调整装置，随着负荷的变化，自动地投入或切除电容器的部分或全部容量。

［**例 3－2**］某厂拟建一降压变电所，装设一台主变压器。已知变电所低压侧有功计算负荷为 650 kW，无功计算负荷为 800 kVA。为了使工厂（变电所高压侧）的功率因数不低于 0.9，如在低压侧装设并联电容器进行补偿时，需装设多少补偿容量？补偿前后工厂变电所所选主变压器的容量有何变化?

**解**：（1）补偿前的变压器容量和功率因数。

变电所低压侧的视在计算负荷为：

$$S_{30.2} = \sqrt{650^2 + 800^2}\ \text{kVA} = 1\,031\ \text{kVA}$$

因此未考虑无功补偿时，主变压器的容量应选择为 1 250 kVA。

变电所低压侧的功率因数为

$$\cos\varphi_2 = P_{30.2} / S_{30.2} = 650/1031 = 0.63$$

（2）无功补偿容量。

按相关规定，补偿后变电所高压侧的功率因数不应低于 0.9，即 $\cos\varphi_1 \geqslant 0.9$。在变压器低压侧进行补偿时，因为考虑到变压器的无功功率损耗远大于有功功率损耗，所以低压侧补偿后的低压侧功率因数应略高于 0.9。这里取补偿后低压侧功率因数 $\cos'\varphi_2 = 0.92$。

因此，低压侧需要装设的并联电容器容量为

$$Q_{\mathrm{C}} = 650 \times (\tan\arccos 0.63 - \tan\arccos 0.92)\mathrm{kvar} = 525\ \mathrm{kvar}$$

取

$$Q_{\mathrm{C}} = 530\ \mathrm{kVA}$$

（3）补偿后重新选择变压器容量。变电所低压侧的视在计算负荷为：

$$S'_{30.2} = \sqrt{650^2 + (800-530)^2}\ \mathrm{kVA} = 704\ \mathrm{kVA}$$

因此，无功功率补偿后的主变压器容量可选为800 kvar。

（4）补偿后的工厂功率因数。补偿后变压器的功率损耗为：

$$\Delta P_{\mathrm{T}} \approx 0.015 S'_{30.2} = 0.015 \times 704\ \mathrm{kVA} = 10.6\ \mathrm{kW}$$

$$\Delta Q_{\mathrm{T}} \approx 0.06 S'_{30.2} = 0.06 \times 704\ \mathrm{kVA} = 42.2\ \mathrm{kVA}$$

变电所高压侧的视在计算负荷为

$$P'_{30.1} = 650\ \mathrm{kW} + 10.6\ \mathrm{kW} = 661\ \mathrm{kW}$$

$$Q'_{30.1} = (800-530)\mathrm{kvar} + 42.2\ \mathrm{kvar} = 312\ \mathrm{kVA}$$

$$S'_{30.1} = \sqrt{661^2 + 312^2}\ \mathrm{kVA} = 731\ \mathrm{kVA}$$

补偿后工厂的功率因数为

$$\cos\varphi' = 661/731 = 0.904 > 0.9$$

满足相关规定的要求。

（5）无功补偿前后的比较：

$$S'_{\mathrm{NT}} - S_{\mathrm{NT}} = 1\,250\ \mathrm{kVA} - 800\ \mathrm{kVA} = 450\ \mathrm{kVA}$$

由此可见，补偿后主变压器的容量减少了450 kVA，不但减少了投资，而且减少电费的支出，提高了功率因数。

## 3.3 供配电系统运行实训

### 3.3.1 变电站（10 kV）模拟停送电实训

**一、实验目的**

掌握变配电所送电和停电操作程序。

**二、预习与思考**

参考教材相关内容“倒闸操作”，了解变配电所倒闸操作规则及操作票填写。

**三、原理说明**

1. 变配电所送电操作

变配电所送电时，一般应从电源侧的开关合起，依次合到负荷侧的开关。按这种程序操作，可使开关的闭合电流减至最小，比较安全，万一某部分存在故障，也容易发现。但是在有高压隔离开关–高压断路器及有低压刀开关–低压断路器的电路中，送电一定要按下列程序操作：

（1）合母线侧隔离开关或刀开关；

（2）合负荷侧隔离开关或刀开关；

（3）合高压或低压断路器。

如果变配电所是事故停电以后的恢复送电，则操作程序视变配电所所装设的开关类型而定。如果电源进线侧装设的是高压断路器，则高压母线发生短路故障时，断路器自动跳闸。在故障消除后，则可直接合上断路器来恢复送电。如果电源进线侧装设的是高压负荷开关，则在故障消除后，先更换熔断器的熔管，然后合上负荷开关即可恢复送电。如果电源进线侧装设的是高压隔离开关－熔断器，则在故障消除后，先更换熔断器的熔管，断开所有出线开关，然后合上隔离开关，最后合上所有出线开关以恢复送电。电源进线侧装设的是跌开式熔断器时，送电操作的程序与进线侧装设的为隔离开关－熔断器时的操作程序相同。

2. 变配电所停电操作

变配电所停电时，一般应从负荷侧的开关拉起，依次拉到电源侧的开关。按这种程序操作，可使开关的开断电流减至最小，也比较安全。但是在有高压隔离开关－高压断路器及有低压刀开关－低压断路器的电路中，停电时一定要按下列程序操作：

（1）拉高压或低压断路器；

（2）拉负荷侧隔离开关或刀开关；

（3）拉母线侧隔离开关或刀开关。

3. 倒闸操作规则

为了确保运行安全，防止误操作，按 DL 408—1991《电业安全工作规程（发电厂和变电所电气部分）》规定，倒闸操作必须根据值班调度员或值班负责人命令，并在受令人复诵无误后执行。倒闸操作由操作人员填写表 3－5 所示的操作票。单人值班，操作票由发令人用电话向值班员传达，值班员应根据传达填写操作票，复诵无误，并在“监护人”签名处填入发令人的姓名。

**表 3－5　倒闸操作票格式**　　编号：

<table>
<tr><td colspan="2">操作开始时间.：　年　月　日　时　分</td><td>操作终了时间：　年　月　日　时　分</td></tr>
<tr><td colspan="3">操作任务：</td></tr>
<tr><td>√</td><td>顺　序</td><td>操　作　项　目</td></tr>
<tr><td></td><td></td><td></td></tr>
<tr><td></td><td></td><td></td></tr>
<tr><td></td><td></td><td></td></tr>
<tr><td></td><td></td><td></td></tr>
<tr><td colspan="3"></td></tr>
</table>

操作人：　　　　　　　　　　　监护人：

**四、实验步骤**

（1）合上供配电实验系统总电源和控制电源开关，合上监控台电源开关和 PLC 电源开关。

（2）变压器正常运行操作。设定系统由 1#电源进线供电至 10 kV 母线，1#，2#主变均停运。

① 填写 1#主变送电操作票，进行 1#主变送电操作。

② 步骤①完成后，填写 1#主变停电操作票，进行 1#主变停电操作。

（3）假定供配电系统当前运行状态为：1#电源进线为工作电源，2#电源进线为备用电源，1#电源进线向 10 kV 母线供电，10 kV 母线分段开关 QS5 合位，1#主变和 2#主变分别带负荷运行，即低压母联断路器 QF7 断开。根据下面所列各种状况进行倒闸操作，根据表 3－5 填写倒闸操作票。

① 1#主变由运行转为检修；

② 1#主变由检修转为运行；

③ 1#电源进线由运行转为检修；

④ 1#电源进线由检修转为运行；

⑤ 1#低压母线由运行转为检修；

⑥ 1#低压母线由检修转为运行。

**五、实验报告**

实验完成后，整理倒闸操作票，并结合倒闸操作规则检查操作票是否符合要求，操作步骤是否正确，确认无误后，书面提交倒闸操作票作为实验报告。

### 3.3.2 手动/自动功率因数补偿实训

**一、实验目的**

（1）了解供配电系统功率因数补偿的意义。

（2）掌握供配电系统常用功率因数补偿控制方式。

**二、预习与思考**

仔细阅读无功功率自动补偿原理，掌握控制器的参数设置方法。

**三、原理说明**

所有具有电感特性的用电设备都需要从供配电系统中吸收感性无功功率，从而降低功率因数。功率因数太低将会给供配电系统带来电能损耗增加、电压损失增大和供电设备利用率降低等不良影响。正是由于功率因数在供配电系统中影响很大，所以要求电力用户功率因数达到一定的值，低于某一定值时就必须进行补偿。

供配电系统中最常用的提高功率因数的方法是并联电力电容器。并联补偿的电力电容器有△形和 Y 形两种接线方式，但低压并联电容器，多数做成三相的，内部已接成△形，本实验系统中也采用的是△形接线。

并联电力电容器在企业供电系统中的装设位置，有高压集中补偿、低压集中补偿和个别就地补偿三种方式。本实验系统采用的低压集中补偿方式，见图 3－3。

并联电力电容器有手动投切和自动调节两种控制方式。

（1）手动投切的并联电力电容器：手动投切具有简单、经济、便于维护的优点，但不能按系统无功功率的变动随时进行调节。

（2）自动调节的并联电力电容器：采用无功自动补偿装置，它能按系统无功功率的变动随时自动补偿，但投资相对增加。

高压电容器由于采用自动补偿时对电容器回路切换元件的要求较高，价格较贵，而且维护检修比较困难，因此当补偿效果相同时，宜优先采用低压自动补偿装置。在目前供配电系统的低压电气控制模拟屏中，通常具有手动投切和自动调节两种方式，通过控制开关切换。本实验系统具有三种调节方式：手动控制、自动控制和远控。当低压电气控制模拟屏上“功率因数补偿控制方式”切换开关旋到“自动”挡时，由 JKL5CF 型智能无功功率自动补偿控制器实现实时控制；当控制开关旋到“手动”挡时，并联电力电容器为手动控制方式；如果按下“远控”按钮，则可由上位机与智能电量监测仪、PLC 实现变电站 VQC 功能。

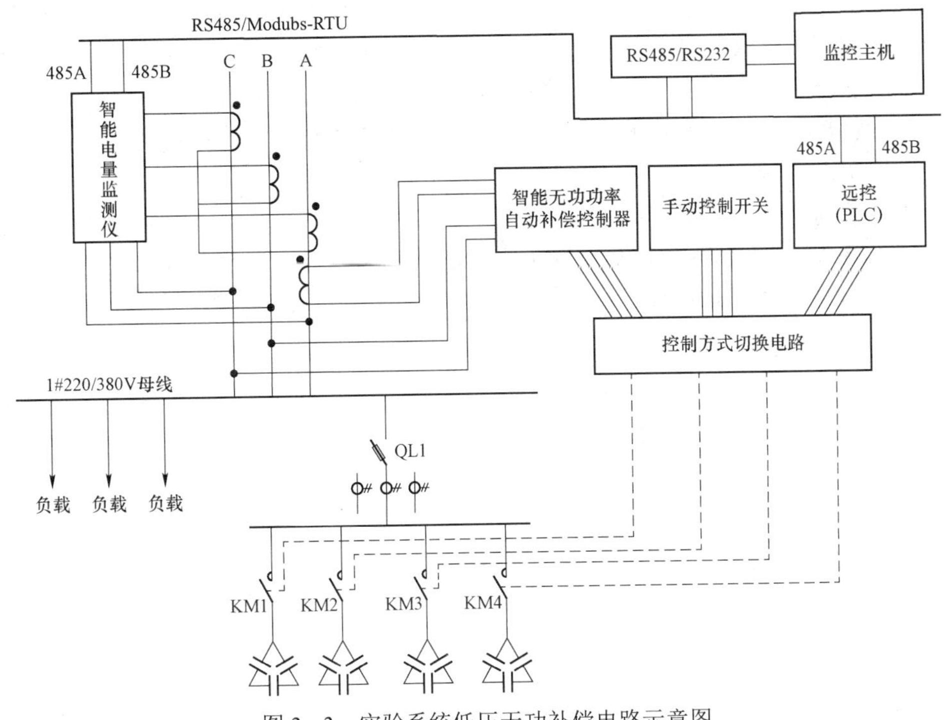


图 3－3　实验系统低压无功补偿电路示意图

## 四、实验设备

所需实验设备见表 3－6。

**表 3－6　实验设备**

| 序号 | 设备名称 | 使用仪器名称 | 数量 |
| --- | --- | --- | --- |
| 1 | 高、低压电气控制模拟屏 | 无功补偿装置 | 1 |
| 2 | | | 1 |
| 3 | 调压器 | 调压器 | 1 |
| 4 | 监控台 | 供配电系统 RTU 装置 | 1 |

## 五、实验步骤

（1）将实验系统总电源开关断开，低压电气控制模拟屏的“功率因数补偿控制方式”切换开关旋到“停止”挡，将监控台的“实验内容选择”转换开关旋到“其他”挡。

（2）依次合上实验系统电源开关，监控台电源开关，PLC 电源开关，监控台直流电源。

（3）依次合上 QS1、QS3、QF1、QS7、QF3、QS10、QF5、QF7、QL1，其他开关元件断开，变压器分接头初始位置为 10 kV 挡，调节三相自耦调压器使 1#低压母线线电压为 380 V。

（4）实验一次系统总共提供五组不同功率因数负荷，先合上 QF8，投入一组负荷，然后逐步增加负荷，每次增加一组，观察 1#低压母线线电压和无功补偿控制器功率因数的变化，并将数据填入表 3－7。

（5）在负荷全部投入的情况下，将控制方式切换开关旋到“手动”挡，此时已经投入一组电容器，观察相关电量的变化，然后每隔 5 s 投入一组电容，直到功率因数达到合格范围（设定功率因数合格范围为 0.9～0.99），投入过程中，观察功率因数的变化。

（6）然后将控制方式切换开关旋到“自动”挡，由 JKL5CF 智能无功功率自动补偿控制器实现自动控制。

（7）实时控制：上述实验步骤完成后，断开 QF8 或 QF11，观测此时相关电量的变化，并将数据填入表 3－7，控制器根据负荷变化引起的功率因数变化自动调节并联电容器组投入的组数，使功率因数回到设定的范围。

**表 3－7　负荷变化引起的功率因数变化**

<table>
<tr><th>负荷投入组数</th><th>母线电压/V</th><th>进线电流</th><th>功率因数</th><th>功率因数达到设定范围时投入电容器的组数</th></tr>
<tr><td>1</td><td></td><td></td><td></td><td rowspan="4">不投</td></tr>
<tr><td>2</td><td></td><td></td><td></td></tr>
<tr><td>3</td><td></td><td></td><td></td></tr>
<tr><td>4</td><td></td><td></td><td></td></tr>
<tr><td>5</td><td></td><td></td><td></td><td></td></tr>
<tr><td>断开 QF8</td><td></td><td></td><td></td><td></td></tr>
<tr><td>断开 QF11</td><td></td><td></td><td></td><td></td></tr>
</table>

**六、实验报告**

实验完成后，整理实验数据，总结功率因数改变与母线电压、电流之间的关系，并参考相关资料解释其原因。

### 3.3.3　实训要求和安全操作说明

供配电技术是电气工程及其自动化、电力系统及其自动化等电力专业的专业课程，实践环节是这些课程的重要组成部分。通过本实验系统的各种操作实验，学生可以加深对理论的理解，培养和提高独立动手能力和分析、解决问题的能力。

**一、实验的特点**

供配电技术实验系统的实验操作性强，是上述课程理论教学的重要补充和继续，而理论教学则是实验教学的基础。学生在实验中应学会运用所学的理论知识去分析和解决实际系统中出现的各种问题，提高动手能力；同时通过实验来验证理论，促使理论和实践相结合，使认识不断提高、深化。具体地说，学生在完成本实验平台的实验后，应具备以下能力：

（1）掌握常用继电器的接线和调试方法。

（2）掌握供配电系统继电保护电路的工作原理和调试方法。

（3）掌握供配电系统二次回路和自动装置的接线和工作原理。

（4）熟悉 PLC 的接线方法和简单程序编写。

（5）了解电力系统监控和远控技术的应用。

**二、实验的基本要求**

实验过程中，应培养学生根据实验目的、实验内容及实验设备拟定实验线路，选择所需设备，确定实验步骤，测取所需数据，进行分析研究，得出必要结论，从而完成实验报告的能力。在整个实验过程中，必须集中精力，及时认真做好实验。现按实验过程提出下列具体要求。

1. 实验前的准备

实验前的准备即为实验的预习阶段，是保证实验顺利进行的必要步骤。每次实验前都必须进行预习，从而提高实验质量和效率，否则就有可能在实验时不知如何下手，浪费时间，完不成实验要求，甚至会损坏实验设备。因此，实验前应做到：

（1）复习教科书有关章节内容，熟悉与本次实验相关的理论知识。

（2）认真学习实验指导书，了解本次实验目的和内容，掌握实验工作原理和方法，仔细阅读实验安全操作规程，明确实验过程中应注意的问题（有些内容可到实验室对照实验设备进行预习，熟悉组件的编号，使用方法及其规定值等）。

（3）实验前应写好预习报告，其中应包括实验系统的详细接线图、实验步骤、数据记录表格等，经教师检查认为确实做好了实验前的准备，方可开始实验。

认真做好实验前的准备工作，对于培养学生独立工作能力，提高实验质量和保护实验设备、人身的安全等都具有相当重要的作用。

2. 实验的进行

在完成理论学习、实验预习等环节后，就可进入实验实施阶段。实验时要做到以下几点：

（1）预习报告完整，熟悉设备。

实验开始前，指导老师要对学生的预习报告做检查，要求学生了解本次实验的目的、内容和方法，只有满足此要求后，方能允许实验。

指导老师要对实验装置做详细介绍，学生必须熟悉该次实验所用的各种设备，明确这些设备的功能与使用方法。

（2）建立小组，合理分工。

每次实验都以小组为单位进行，每组由 5～10 人组成，实验进行中，机组的运行控制、电力系统的监控调度、记录数据等工作每人应有明确的分工，以保证实验操作的协调，使记录的数据准确可靠。

（3）试运行。

在正式实验开始之前，先熟悉仪表的操作，然后按一定规范通电接通电力网络，观察所有仪表是否正常。如果出现异常，应立即切断电源，并排除故障；如果一切正常，即可正式开始实验。

（4）测取数据。

预习时对本次实验方法及所测数据的大小做到心中有数。正式实验时，根据实验步骤逐次测取数据。

（5）认真负责，实验有始有终。

实验完毕后，应请指导老师检查实验数据、记录的波形。经指导老师认可后，关闭所有电源，并把实验中所用的物品整理好，放至原位。

3. 实验总结

实验的最后阶段是实验总结，即对实验数据进行整理、绘制波形和图表、分析实验现象、撰写实验报告。每位实验参与者要独立完成一份实验报告，实验报告的编写应持严肃认真、实事求是的科学态度。如实验结果与理论有较大出入时，不得随意修改实验数据和结果，不得用凑数据向理论靠拢，而是用理论知识来分析实验数据和结果，解释实验现象，找出引起较大误差的原因。

实验报告是根据实测数据和在实验中观察发现的问题，经过自己分析研究或分析讨论后写出的实验总结和心得体会。

实验报告要简明扼要、字迹清楚、图表整洁、结论明确。

实验报告包括以下内容：

（1）实验名称、专业、班级、学号、姓名、同组者姓名、实验日期、室温等。

（2）实验目的、实验线路、实验内容。

（3）实验设备、仪器、仪表的型号、规格、铭牌数据及实验装置编号。

（4）实验数据的整理、列表、计算，并列出计算所用的计算公式。

（5）画出与实验数据相对应的特性曲线及记录的波形。

（6）用理论知识对实验结果进行分析总结，得出正确的结论。

（7）对实验中出现的某些现象、遇到的问题进行分析、讨论，写出心得体会，并对实验提出自己的建议和改进措施。

（8）实验报告应写在一定规格的报告纸上，保持整洁。

（9）每次实验每人独立完成一份报告，按时送交指导老师批阅。

## 三、安全操作规程

为了顺利完成本实验系统的全部实验，确保实验时人身安全与设备的安全，实验设备通电前，实验人员必须在实验前学习相关实验的实验指导书，第一次使用设备的人员必须阅读实验设备各功能部件的操作原理，实验过程必须认真按照实验步骤进行。实验人员必须严格遵守如下安全规程：

（1）在进行实验前，必须详细掌握各实验设备的操作方法，才可进行实验。

（2）实验过程中，绝对不允许实验人员用手触摸自耦调压器的输入、输出接线端子，否则人体将触电，危及生命安全！严禁人体任何部位触碰自耦调压器的接线端子！

（3）实验过程中，严禁切换监控台的实验内容切换开关！

（4）实验系统现场调试完成后，三相自耦调压器的电缆连接线和多芯电缆连接线已接好。实验过程中，用户无特殊情况，不能擅自拆接线，否则可能造成通电后，电源短路，烧毁调压器和高、低压电气控制模拟屏。如果必须拆接线，需在拆线前做好接线端子和电缆线一一对应的记号；接线时，一一对应接好，拧紧接线端子。

# 第4章 供配电系统继电保护

## 4.1 高压配电网继电保护简介

### 4.1.1 概述

按 GB/T 50062—2008《电力装置的继电保护和自动装置设计规范》规定：对 3～66 kV 电力线路，应装设相间短路保护、单相接地保护和过负荷保护。

作为线路的相间短路保护，主要采用带时限的过电流保护和瞬时动作的电流速断保护（按 GB/T 50062—2008 规定，过电流保护的时限不大于 0.7 s 时，可不装设瞬时动作的电流速断保护）。相间短路保护应动作于断路器的跳闸机构，使断路器跳闸，切除短路故障部分。

作为单相接地保护，一般有两种方式：

（1）绝缘监视装置，装设在变配电所的高压母线上，动作于信号。

（2）有选择性的单相接地保护（零序电流保护），亦动作于信号，但当危及人身和设备安全时，则应动作于断路器的跳闸机构。

对可能经常过负荷的电缆线路，按 GB/T 50062—2008 规定，应装设过负荷保护，动作于信号。

### 4.1.2 保护装置的接线方式

保护装置的接线方式是指启动继电器与电流互感器之间的连接方式。6～10 kV 高压线路的过电流保护装置，通常采用两相两继电器式接线和两相一继电器式接线两种。

1. 两相两继电器式接线

如图 4-1 所示，这种接线，如一次电路发生三相短路或任意两相短路，至少有一个继电器动作，且流入继电器的电流 $\dot{I}_{KA}$ 就是电流互感器的二次电流 $I_a$。为了表征继电器电流 $\dot{I}_{KA}$ 与电流互感器二次电流 $I_a$ 间的关系，特引入一个接线系数 $K_W$。

$$K_W = \dot{I}_{KA} / I_a \tag{4-1}$$

两相两继电器式接线属相电流接线，在一次电路发生任何形式的相间短路时 $K_W=1$，即保护灵敏度都相同。

2. 两相一继电器式接线

如图 4-2 所示，这种接线又称两相电流差式接线，或两相交叉接线。正常工作和三相短路时，流入继电器的电流 $\dot{I}_{KA}$ 为 A 相和 C 相两相电流互感器二次电流的相量差，即 $\dot{I}_{KA}=\sqrt{3}\,I_a$，如图 4-3（a）所示。在 A、C 两相短路时，流入继电器的电流为电流互感器二次侧电流的 2 倍，如图 4-3（b）所示。在 A、B 或 B、C 两相短路时，流入电流继电器的电流等于电流互感器二次侧的电流，如图 4-3（c）所示。

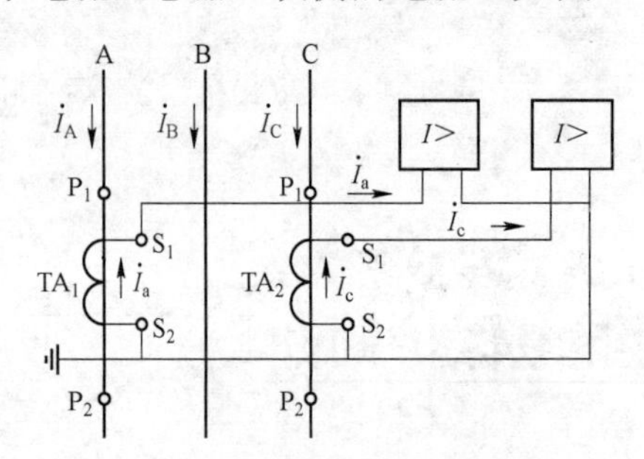


图 4-1　两相两继电器式接线图

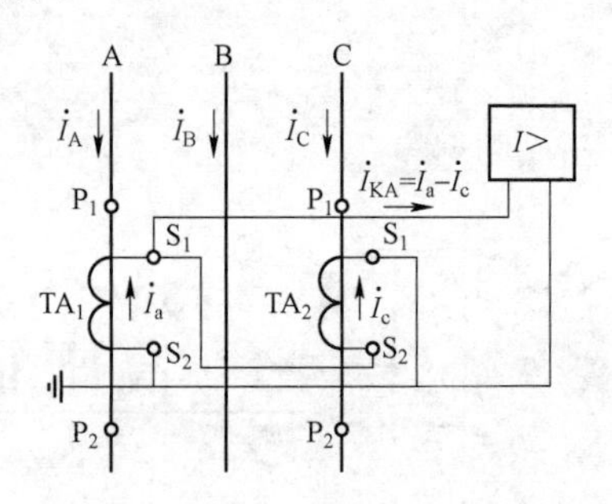


图 4-2　两相一继电器式接线图

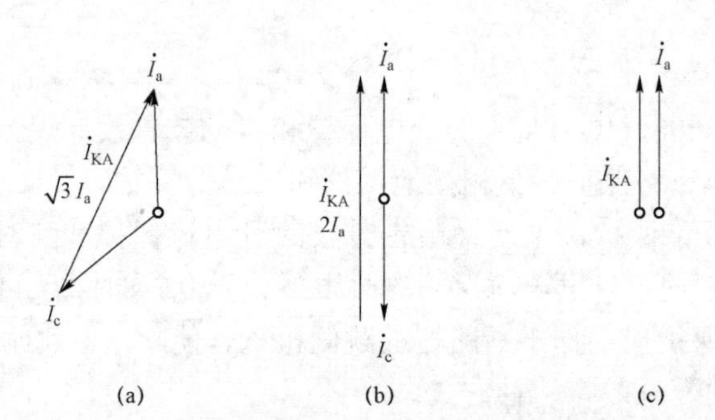


图 4-3　两相电流差接线在不同短路情况下电流相量图

（a）三相短路；（b）A 相、C 相短路；（c）A 相、B 相或 B 相、C 相短路

可见，两相电流差接线的接线系数与一次电路发生短路的形式有关，不同的短路形式，其接线系数不同。

三相短路：$K_W=\sqrt{3}$；

A 相与 B 相或 B 相与 C 相短路：$K_W=1$；

A 相与 C 相短路：$K_W=2$。

因为两相电流差式接线在不同相间短路时接线系数不同，故在发生不同形式的故障情况下，保护装置的灵敏度也不同，有的甚至相差一倍，这是不够理想的。然而这种接线所用设备较少，简单经济，因此在工厂高压线路、小容量高压电动机和车间变压器的保护中仍有所采用。

# 4.2　定时限过电流保护

带时限的过电流保护，按其动作时间特性分，有定时限过电流保护和反时限过电流保护两种。定时限，就是保护装置的动作时间是固定的，与短路电流的大小无关。反时限，就是保护装置的动作时间与反映到继电器中的短路电流的大小成反比关系，短路电流越大，动作时间越短，所以反时限特性也称为反比延时特性或反延时特性。

1. 定时限过电流保护装置的组成及动作原理

如图 4－4 所示，它由启动元件（电磁式电流继电器）、时限元件（电磁式时间继电器）、信号元件（电磁式信号继电器）和出口元件（电磁式中间继电器）四部分组成。其中，YR 为断路器的跳闸线圈，QF 为断路器操动机构的辅助触点，TAl 和 TA2 为装于 A 相和 C 相上的电流互感器。

当一次电路发生相间短路时，电流继电器 KAl、KA2 中至少一个瞬时动作，闭合其动合触点，使时间继电器 KT 启动。KT 经过整定限时后，其延时触点闭合，使串联的信号继电器（电流型）KS 和中间继电器 KM 动作。KM 动作后，其触点接通断路器的跳闸线圈 YR 的回路，使断路器 QF 跳闸，切除短路故障。与此同时，KS 动作，其信号指示牌掉下，接通灯光和音响信号。在断路器跳闸时，QF 的辅助触点随之断开跳闸回路，以切断其回路中的电流，在短路故障被切除后，继电保护装置中除 KS 外的其他所有继电器均自动返回起始状态，而 KS 可手动复位。

2. 动作电流的整定

动作电流的整定必须满足下面两个条件。

（1）应该躲过线路的最大负荷电流（包括正常过负荷电流和尖峰电流），以免在最大负荷通过时保护装置误动作。

（2）保护装置的返回电流也应该躲过线路的最大负荷电流，以保证保护装置在外部故障切除后，能可靠地返回到原始位置，避免发生误动作。为说明这一点，现以图 4－5 为例来说明。

当线路 WL2 的首端 *k* 点发生短路时，由于短路电流远远大于正常最大负荷电流，所以沿线路的过电流保护装置 KA1、KA2 等都要启动。在正确动作情况下，应该是靠近故障点 *k* 的保护装置 KA2 动作，断开 QF2，切除故障线路 WL2。这时线路 WL1 恢复正常运行，其保护装置 KA1 应该返回起始位置。若 KA1 在整定时其返回电流未躲过线路 WL1 的最大负荷电流，即 KA1 返回系数过低，则 KA2 切除 WL2 后，WL1 虽然恢复正常运行，但 KA1 继续保持启动状态（由于 WL1 在 WL2 切除后，还有其他出线，因此还有负荷电流），从而达到它所整定的时限（KA1 的动作时限比 KA2 的动作时限长）后，必将错误地断开 QF1 造成 WL1 停电，扩大了故障停电范围，这是不允许的。所以保护装置的返回电流也必须躲过线路的最大负荷电流。线路的最大负荷电流 $I_{Lmax}$，应据线路实际的过负荷情况，特别是尖峰电流（包括电动机的自启动电流）情况来确定。

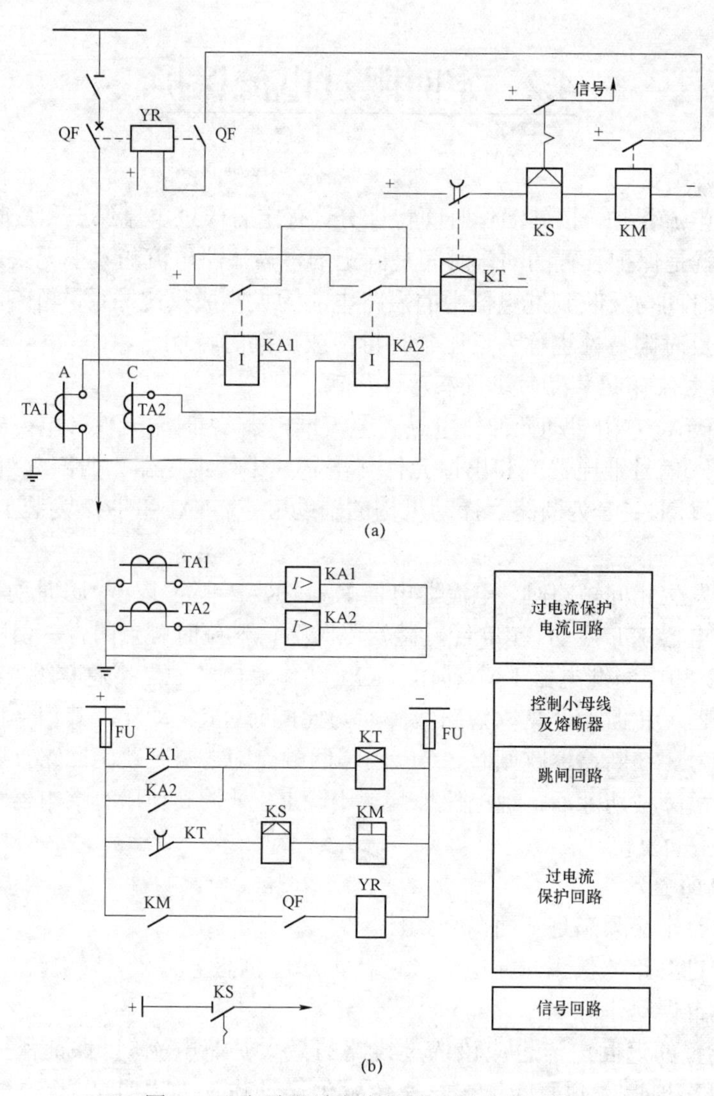


图 4－4　定时限过电流保护的原理电路图

（a）按集中表示法绘制；（b）按分开表示法绘制

QF－高压断路器；TA1、TA2－电流互感器；KA1、KA2－Dl 型电流继电器；KT－DS 型时间继电器；KS－DX 型信号继电器；KM－DZ 型中间继电器；YR－跳闸线圈

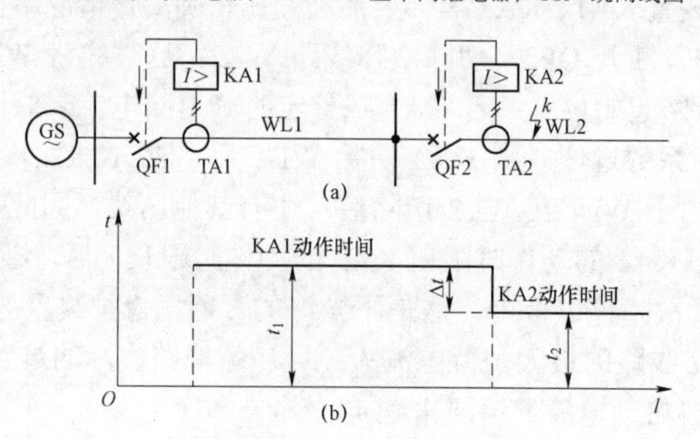


图 4－5　线路定时限过电流保护整定说明图

（a）电路；（b）时限整定说明

设电流互感器的变比为 $K_i$，保护装置的接线系数为 $K_W$，保护装置的返回系数为 $K_{re}$，线路最大负荷电流换算到继电器中的电流为 $I_{Lmax}$。由于继电器的返回电流 $I_{re}$ 也要躲过 $I_{Lmax}$，即 $I_{re}>(K_W/K_i)I_{Lmax}$。而 $I_{re}=K_{re}I_{OP}$，因此 $K_{re}I_{OP}>(K_W/K_i)I_{Lmax}$，也就是 $I_{OP}>(I_{Lmax}K_W)/(K_{re}K_i)$，将此式写成等式，计入一个可靠系数 $K_{rel}$，由此得到过电流保护动作整定公式：

$$I_{OP}=I_{Lmax}(K_{rel}K_W)/(K_{re}K_i) \tag{4-2}$$

式中，$K_{rel}$ 为保护装置的可靠系数，对 DL 型继电器可取 1.2，对 GL 型继电器可取 1.3；$K_W$ 为保护装置的接线系数，按三相短路来考虑，对两相两继电器接线（相电流接线）为 1，对两相一继电器接线（两相电流差接线）为 $\sqrt{3}$；$I_{Lmax}$ 为线路的最大负荷电流（含尖峰电流），可取为（1.5～3）$I_{30}$，$I_{30}$ 为线路的计算电流。

如果用断路器手动操作机构中的过电流脱扣器 YR 作过电流保护，则脱扣器动作电流按下式整定：

$$I_{OP}=I_{Lmax}(K_{rel}K_W)/K_i \tag{4-3}$$

式中，$K_{rel}$ 为保护装置的可靠系数，取 2～2.5，这里已考虑了脱扣器的返回系数。

3. 动作时间整定

为了保证前后级保护装置动作时间的选择性，过电流保护装置的动作时间（也称动作时限），应按“阶梯原则”进行整定，也就是在后一级保护装置所保护的线路首端［如图 4－5（a）中的 $k$ 点］发生三相短路时，前一级保护的动作时间 $t_1$ 应比后一级保护中最长的动作时间 $t_2$ 都要大一个时间差$\Delta t$，如图 4－5（b）所示。

当 $k$ 点发生短路故障时，设置在定时限过电流装置中的电流继电器 KA1、KA2 等都将同时启动，根据保护动作选择性要求，应该由距离 $k$ 点最近的保护装置 KA2 动作，使断路器 QF2 跳闸，故保护装置中时间继电器 KT2 的整定值应比装置 KT1 的整定值至少小一个$\Delta t$ 值。即

$$t_1\geqslant t_2+\Delta t \tag{4-4}$$

在确定$\Delta t$ 时，应考虑到断路器的动作时间，前一级保护装置动作时限可能发生提前动作的负误差，后一级保护装置可能滞后动作的正误差，还考虑到保护的动作有一定的惯性误差，为了确保前后级保护的动作选择性，还应该考虑加上一个保险时间。于是，$\Delta t$ 在 0.5～0.7 s。对于定时限过电流保护，可取$\Delta t=0.5$ s；对于反时限过电流保护，可取$\Delta t=0.7$ s。

## 4.3　反时限过电流保护

反时限，就是保护装置的动作时间与反映到继电器中的短路电流的大小成反比关系，短路电流越大，动作时间越短，所以反时限特性也称为反比延时特性或反延时特性。

1. 电路组成及原理

图 4－6 是一个交流操作的反时限过电流保护装置图，KA1、KA2 为 GL 感应型带有瞬时动作元件的反时限过电流继电器，继电器器本身动作带有时限，并有动作及指示信号牌，所以回路不需要时间继电器和信号继电器。

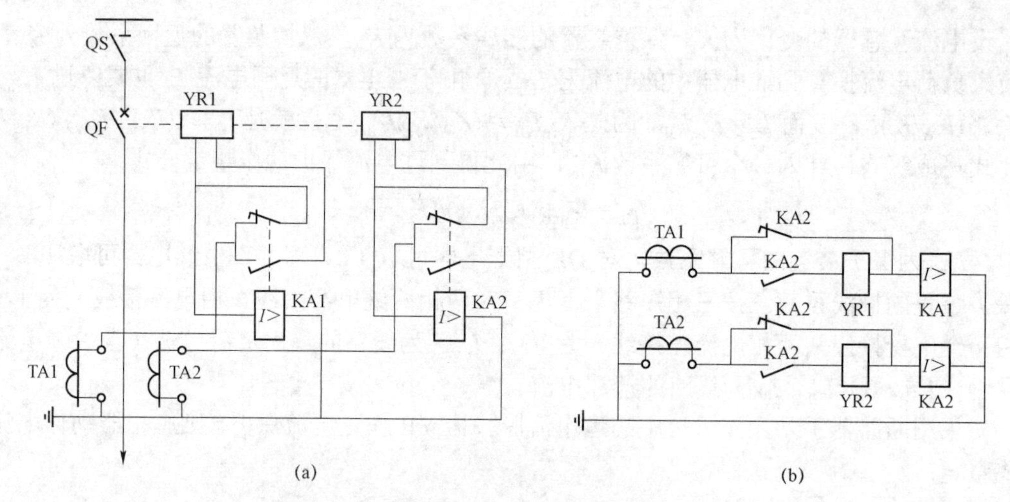


图 4－6　反时限过电流保护的原理电路图

（a）按集中表示法绘制；（b）按分开表示法绘制

TA1、TA2－电流互感器；KA1、KA2－感应型电流继电器；YR1、YR2－断路器跳闸线圈

当一次电路发生相间短路时，电流继电器 KA1、KA2 至少有一个动作，经过一定延时后（延时长短与短路电流大小成反比关系），其常开触点闭合，紧接着其常闭触点断开，这时断路器跳闸线圈 YR 因“去分流”而通电，从而使断路器跳闸，切除短路故障部分。在继电器去分流跳闸的同时，其信号牌自动掉下，指示保护装置已经动作。在短路故障被切除后，继电器自动返回，信号牌则需手动复位。

一般继电器转换触点的动作顺序都是常闭触点先断开后，常开触点再闭合。而这种继电器的常开、常闭触点，动作时间的先后顺序必须是：常开触点先闭合，常闭触点后断开，如图 4－7 所示。这里采用具有特殊结构的先合后断的转换触点，不仅保证了继电器的可靠动作，还保证了在继电器触点转换时电流互感器二次侧不会带负荷开路。

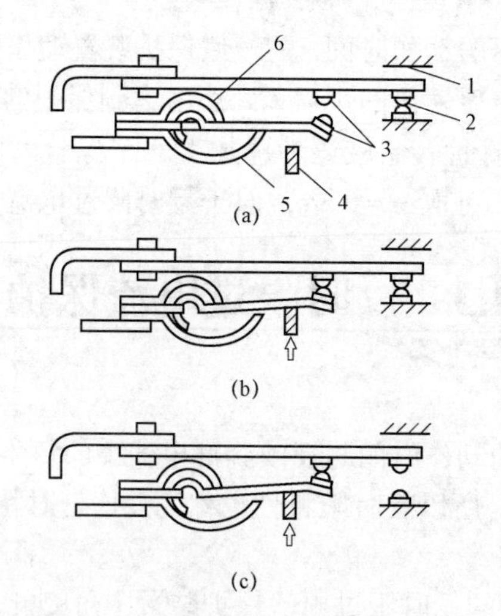


图 4－7　先合后断转换触点的结构及动作说明

（a）正常位置；（b）动作后常开触点先闭合；（c）接着常闭触点再断开

1—上止挡；2—常闭触点；3—常开触点；4—衔铁杠杆；5—下止挡；6—簧片

2. 动作电流的整定

动作电流的整定方式与定时限过电流保护相同，只是式（4－3）中的 $K_{rel}$ 取 1.3。

［**例 4－1**］某高压线路的计算电流为 90 A，线路末端的三相短路电流为 1 300 A。现采用 GL－15/10 型电流继电器，组成两相电流差接线的相间短路保护，电流互感器变流比为 315/5。试整定此继电器的动作电流。

**解**：取 $K_{re}=0.8$，$K_W=\sqrt{3}$，$K_{rel}=1.3$，$I_{Lmax}=2I_{30}=2\times90\ \text{A}=180\ \text{A}$，根据式（4－2）得此继电器的动作电流

$$I_{OP}=I_{Lmax}(K_{rel}K_W)/(K_{re}K_i)=180\ \text{A}(1.3\times\sqrt{3})/(0.8\times315/5)=8.04\ \text{A}$$

根据 GL－15 型继电器的规格，动作电流可整定为 8 A。

3. 动作时间的整定

由于 GL 型继电器的时限调节机构是按 10 倍动作电流的动作时间来标度的，而实际通过继电器的电流一般不会恰恰为动作电流的 10 倍，因此必须根据继电器的动作特性曲线来整定。

假设图 4－8（a）所示电路中，后一级保护 KA2 的 10 倍动作电流动作时间已经整定为 $t_2$，现在要求整定前一级保护 KA1 的 10 倍动作电流动作时间 $t_1$，整定计算步骤如下［参看图 4－8（b）］。

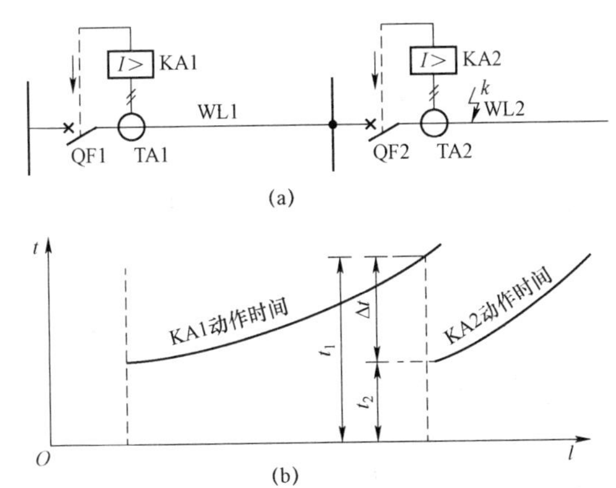


图 4－8　反时限过电流保护整定说明

（a）电路；（b）反时限过电流保护的动作时限曲线

（1）计算 WL2 首端（WL1 末端）三相短路电流 $I_k$ 反映到 KA2 中的电流值：

$$I'_{k(2)}=I_kK_{W(2)}/K_{i(2)} \tag{4-5}$$

式中，$K_{W(2)}$为 KA2 与 TA2 的接线系数；$K_{i(2)}$为 TA2 的变流比。

（2）计算 $I'_{k(2)}$ 对 KA2 的动作电流倍数：

$$n_2=I'_{k(2)}/I_{OP(2)} \tag{4-6}$$

（3）确定 KA2 的实际动作时间。

在图 4－9 所示 KA2 的动作特性曲线的横坐标轴上，找出 $n_2$，然后向上找到该曲线上 $b$ 点，该点所对应的动作时间 $t'_2$ 就是 KA2 在通过 $I_{k(2)}$时的实际动作时间。

（4）计算 KA1 的实际动作时间：

$$t'_1=t'_2+\Delta t=t'_2+0.7\ \text{s},\quad \Delta t=0.7\ \text{s}$$

（5）计算 WL2 首端三相短路电流 $I_k$ 反映到 KA1 中的电流值，即

$$I'_{k(1)}=I_kK_{W(1)}/K_{i(1)} \tag{4-7}$$

式中，$K_{W(1)}$为 KA1 与 TA1 的接线系数；$K_{i(1)}$为 TA1 的变流比。

（6）计算$I'_{k(1)}$对 KA1 的动作电流倍数

$$n_1=I'_{k(1)}/I_{OP(1)} \tag{4-8}$$

式中，$I_{OP(1)}$为 KA1 的动作电流（已整定）。

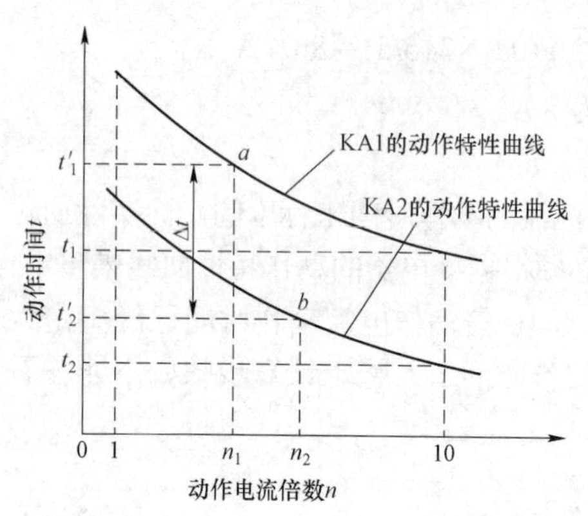


图 4－9　反时限过电流保护的动作时间整定

（7）确定 KA1 的 10 倍动作电流的动作时间。先从图 4－9 所示 KA1 的动作特性曲线的横坐标上找出 $n_1$，再根据 $n_1$ 找到 KA1 的实际动作时间$t'_1$，从 KA1 的动作特性曲线的坐标图上找到其坐标点 $a$ 点，则此点所在曲线的 10 倍动作电流的动作时间 $t_1$ 即为所求。如果 $a$ 点不在两条曲线之间，则只能从上下两条曲线来粗略地估计其10倍动作电流的动作时间。

**［例 4－2］**在图 4－8 所示高压线路中，已知 TAl 的 $K_{i(1)}=160/5$，TA2 的 $K_{i(2)}=100/5$。WL1 和 WL2 的过电流保护均采用两相两继电器式接线，继电器均为 GL－15/10 型。KAl 已经整定，$I_{OP(1)}=8$ A，10 倍动作电流动作时间 $t_1=1.4$ s。WL2 的 $I_{Lmax}=75$ A，WL2 首端的 $I_k^{(3)}=1\,100$ A，末端的 $I_k^{(3)}=400$ A。试求整定 KA2 的动作电流和动作时间。

**解**：（1）整定 KA2 的动作电流。

取 $K_{rel}=1.3$，$K_W=1$，$K_{re}=0.8$，故

$$I_{OP(2)}=I_{Lmax}(K_{rel}K_W)/(K_{re}K_i)=75\text{ A}(1.3\times1)/(0.85\times100/5)=6.09\text{ A}$$

据 GL－15/10 型继电器的规格，其动作电流整定为 6 A。

（2）整定 KA2 的动作时间。

先确定 KAl 的动作时间。由于 $I_k$ 反映到 KAl 的电流 $I'_{k(1)}=1\,100\text{ A}\times1/(160/5)=34.4$ A，故 $I_{k(1)}$的动作电流倍数 $n_1=34.4\text{ A}/8\text{ A}=4.3$。利用 $n_1=4.3$ 和 $t_1=1.4$ s，查 GL－15 型电流继电器的动作特性曲线，可得 KAl 的实际动作时间 $t'_1=1.9$ s。

因此 KA2 的实际动作时间应为：

$$t'_2=t'_1-\Delta t=1.9\text{ s}-0.7\text{ s}=1.2\text{ s}$$

现在确定KA2的10倍动作电流的动作时间。由于$I_k$反应到KA2中的电流 $I'_{k(1)}=1\,100\text{ A}\times1/(100/5)=55$ A，故 $K_{k(2)}$对 KA2 的动作电流倍数 $n_2=55\text{ A}/6\text{ A}=9.17$。利用 $n_2=9.17$ 和 KA2 的实际动作时间 $t_2=1.2$ s，查 GL－15 型电流继电器的动作特性曲线，可得 KA2 的 10 倍动作电流的动作时间即整定时间为 $t_2\approx1.2$ s。

4. 定时限与反时限过电流保护的比较

定时限过电流保护的优点是：动作时间较为准确，容易整定，误差小。缺点是：所用继电器的数目比较多，因此接线较为复杂，继电器触点容量较小，需直流操作电源，投资较大。此外，靠近电源处的保护动作时间较长，而此时的短路电流又较大，故对设备的危害较大。

反时限过电流保护的优点是：继电器的数量大为减少，故其接线简单，只用一套 GL 系列继电器就可实现不带时限的电流速断保护和带时限的过电流保护。由于 GL 系列继电器触点容量大，因此可直接接通断路器的跳闸线圈，而且适于交流操作。缺点是：动作时间的整定和配合比较麻烦，而且误差较大，尤其是瞬时动作部分，难以进行配合；且当短路电流较小时，其动作时间可能很长，延长了故障持续时间。

由以上比较可知，反时限过电流保护装置具有继电器数目少，接线简单，以及可直接采用交流操作跳闸等优点，所以在 6～10 kV 供电系统中广泛采用。

# 4.4　低电压闭锁保护

低电压闭锁的过电流保护电路如图 4－10 所示，低电压继电器 KV 通过电压互感器 TV 接于母线上，而 KV 的常闭触点则串联接入电流继电器 KA 的常开触点与中间继电器 KM 的线圈回路中。

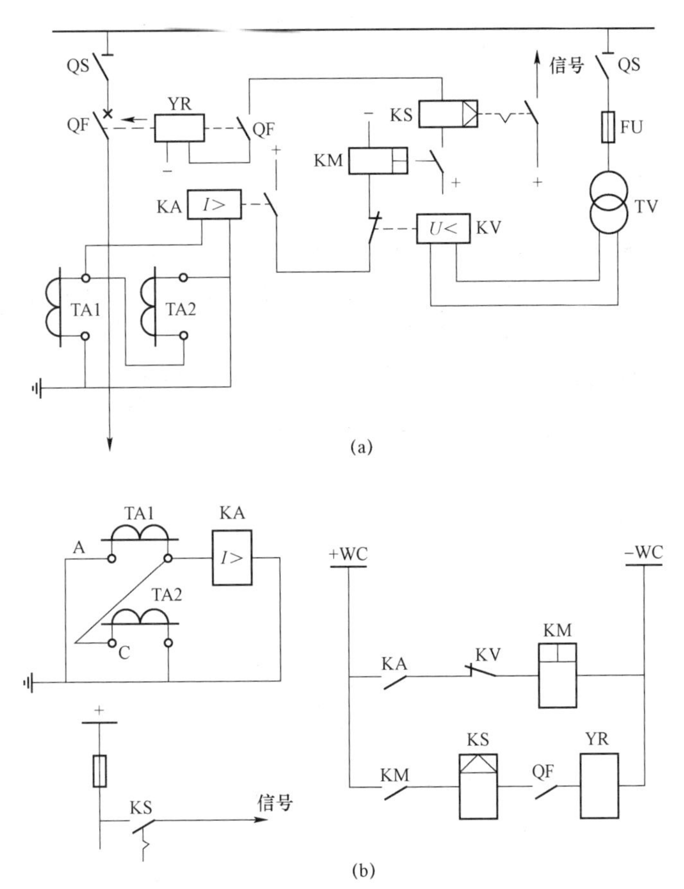


图 4－10　低电压闭锁的过电流保护电路

（a）接线图；（b）展开图

QF—高压断路器；TA—电流互感器；TV—电压互感器；KA—电流继电器；KM—中间继电器；KS—信号继电器；KV—低电压继电器；YR—断路器跳闸线圈

在供电系统正常运行时，母线电压接近于额定电压，因此 KV 的常闭触点是断开的。由于 KV 的常闭触点与 KA 的常开触点串联，所以这时 KA 即使由于线路过负荷而动作，其常开触点闭合，也不致造成断路器误跳闸。正因为如此，凡有低电压闭锁的这种过电流保护装置的动作电流就不必按躲过线路最大负荷电流 $I_{Lmax}$ 来整定，而只需按躲过线路的计算电流 $I_{30}$ 来整定，当然保护装置的返回电流也应躲过计算电流 $I_{30}$。故此时过电流保护的动作电流的整定计算公式为

$$I_{OP}=I_{30}(K_{rel}K_W)/(K_{re}K_i) \tag{4-9}$$

式中，各系数的取值与式（4-2）相同。由于其 $I_{OP}$ 减小，故能提高保护的灵敏度。

上述低电压继电器的动作电压按躲过母线正常最低工作电压 $U_{min}$ 而整定，当然，其返回电压也应躲过 $U_{min}$，也就是说，低电压继电器上的电压高于 $U_{min}$ 时不动作，只有在母线电压低于 $U_{min}$ 时才动作。因此低电压继电器动作电压的整定计算公式为

$$U_{OP}=U_{min}/(K_{rel}k_{re}K_u)\approx(0.57\sim0.63)U_N/K_u \tag{4-10}$$

式中，$U_{min}$ 为母线最低工作电压，取（0.85～0.95）$U_N$；$U_N$ 为线路额定电压；$K_{rel}$ 为保护装置的可靠系数，可取 1.2；$k_{re}$ 为低电压继电器的返回系数，可取 1.25。

# 4.5 电流速断保护

1. 电流速断保护的组成及速断电流的整定

电流速断保护实际上就是一种瞬时动作的过电流保护，其动作时限仅仅为继电器本身的固有动作时间，它的选择性不是依靠时限，而是依靠选择适当的动作电流来解决。对于 GL 型电流继电器，直接利用继电器本身结构，既可完成反时限过电流保护，又可完成电流速断保护，不用额外增加设备，非常简单经济。

对于 DL 型电流继电器，其电流速断保护电路如图 4-11 和图 4-12 所示。

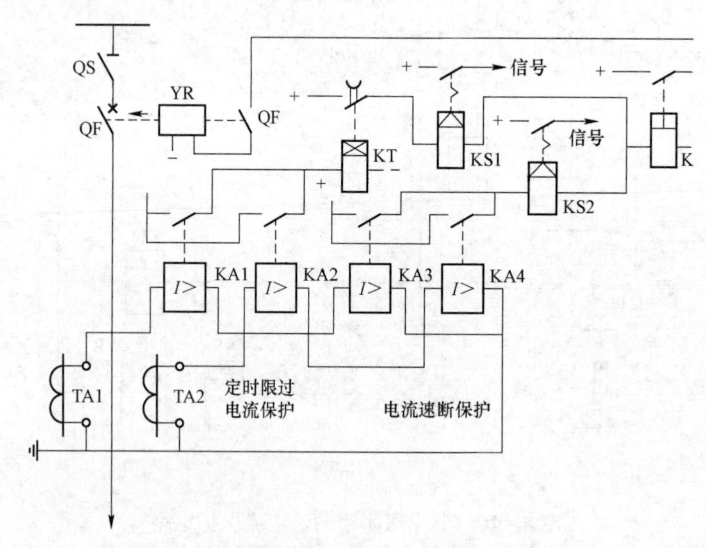


图 4-11　电力线路定时限过电流保护和电流速断保护接线图（按集中表示法绘制）

QF—断路器；KA—电流继电器（DL 型）；KT—时间继电器（DS 型）；KS—信号继电器（DX 型）；KM—中间继电器（DZ 型）；YR—跳闸线圈；KA1、KA2、KT、KS1、KM—定时限保护；KA3、KA4、KS2、KM—电流速断保护

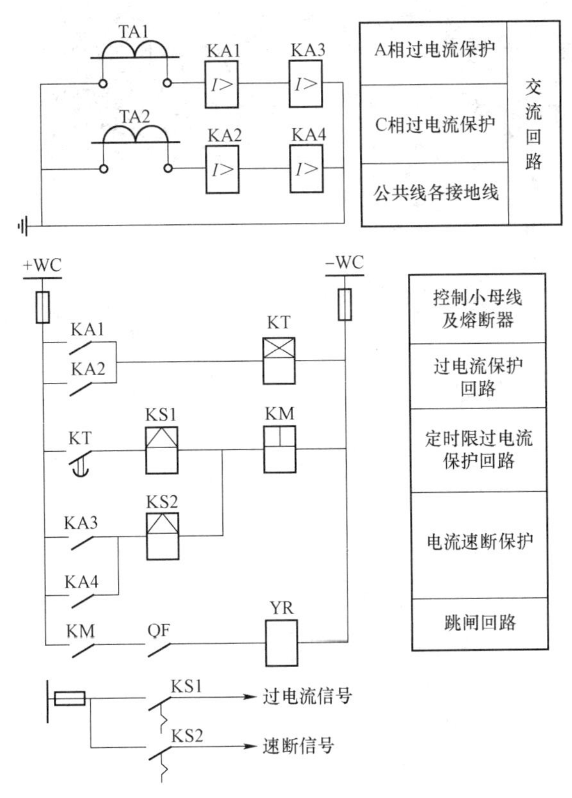


图 4-12　电力线路定时限过电流保护和电流速断保护展开图

图 4-11、图 4-12 是同时具有电流速断和定时限过电流保护的接线图和展开图(图 4-12 是按分开表示法绘制的展开图)，图中 KA1、KA2、KT、KS1 与 KM 构成定时限过电流保护，KA3、KA4、KS2 与 KM 构成电流速断保护。与图 4-4 比较可知，电流速断保护装置只是比定时限过电流保护装置少了时间继电器。

为了保证保护装置动作的选择性，电流速断保护继电器的动作电流（即速断电流）应按躲过它所保护线路末端的最大短路电流（即三相短路电流）来整定。只有这样，才能避免在后一级速断保护所保护线路的首端发生三相短路时，它可能发生的误跳闸（因后一段线路距离很近，阻抗很小，所以速断电流应躲过其保护线路末端的最大短路电流）。

如图 4-13 所示电路中，WL1 末端 $k-1$ 点的三相短路电流，实际上与其后一段 WL2 首端 $k-2$ 点的三相短路电流是近乎相等的。

因此可得电流速断保护动作电流（速断电流）的整定计算公式为

$$I_{qb}=I_{kmax}K_{rel}K_W/K_i \tag{4-11}$$

式中，$K_{rel}$ 为可靠系数，对 DL 型继电器，取 1.2～1.3；对 GL 型继电器，取 1.4～1.5；对脱扣器，取 1.8～2.0。

2. 电流速断保护的“死区”及其弥补

由于电流速断保护的动作电流是按躲过线路末端的最大短路电流来整定的，因此在靠近线路末端的一段线路上发生的不一定是最大的短路电流（例如两相短路电流）时，电流速断保护装置就不可能动作，也就是说电流速断保护实际上不能保护线路的全长，这种保护装置不能保护的区域，就称为“死区”，如图 4-13 所示。

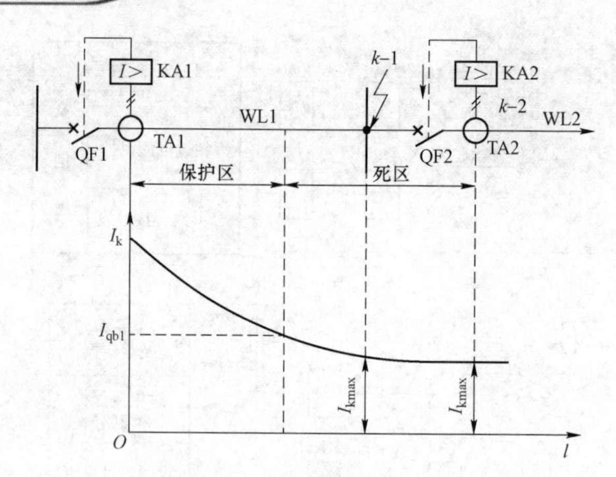


图 4－13　线路电流速断保护的保护区和死区

$I_{kmax}$—前一级保护应躲过的最大短路电流；$I_{qb1}$—前一级保护整定的一次速断电流

为了弥补速断保护存在死区的缺陷，一般规定，凡装设电流速断保护的线路，都必须装设带时限的过电流保护，且过电流保护的动作时间比电流速断保护至少长一个时间级差 $\Delta t=0.5\sim0.7$ s，而且前后级过电流保护的动作时间符合前面所说的"阶梯原则"，以保证选择性。

在速断保护区内，速断保护作为主保护，过电流保护作为后备保护；而在速断保护的"死区"内，则过电流保护为基本保护。

3. *电流速断保护的灵敏度*

按规定，电流速断保护的灵敏度应按其保护装置安装处（即线路首端）的最小短路电流（可用两相短路电流来代替）来校验。因此电流速断保护的灵敏度必须满足的条件是

$$S_P=K_W I_k^{(2)}/K_i I_{qb}\geqslant 1.5\sim2 \qquad (4-12)$$

式中，$I_k^{(2)}$ 为线路首端在系统负荷最小运行方式下的两相短路电流。

**［例 4－3］** 试整定［例 4－1］中的 GL－15/10 型电流继电器的电流速断倍数。

**解**：已知线路末端 $I_k^{(3)}=1\ 300$ A，且 $K_W=\sqrt{3}$，$K_i=315/5$，取 $K_{rel}=1.5$，故由式（4－11）得

$$I_{qb}=I_{kmax}K_{rel}K_W/K_i=1\ 300\ \text{A}\times1.5\times\sqrt{3}/(315/5)=53.6\ \text{A}$$

而在［例 4－1］已经整定的 $I_{OP}=8$ A，故速断电流倍数应整定为

$$n_{qb}=53.6\ \text{A}/8\ \text{A}=6.7$$

由于 GL 型电流继电器的速断电流倍数 $n_{qb}$ 在 2～8 间可平滑调节，因此 $n_{qb}$ 不必修正为整数。

**［例 4－4］** 试整定［例 4－2］所示的装于 WL2 首端 KA2 的 GL－15/10 型电流继电器的速断电流倍数，并校验其过电流保护和电流速断保护的灵敏度。

**解**：（1）整定速断电流倍数。

取 $K_{rel}=1.5$，$K_W=1$，$K_i=100/5$，WL2 末端 $I_k^{(3)}=400$ A，故由式（4－11）得

$$I_{qb}=I_{kmax}K_{rel}K_W/K_i=400\ \text{A}\times1.5\times1/(100/5)=30\ \text{A}$$

而在例 4－2 已经整定 $I_{OP}=6$ A，故速断电流倍数应整定为

$$n_{qb}=30\ \text{A}/6\ \text{A}=5$$

（2）过电流保护的灵敏度校验。

根据式（4－6），其中 $I_{\mathrm{kmin}}^{(2)}=0.866\times I_{\mathrm{k}}^{(3)}=0.866\times 400\ \mathrm{A}=346\ \mathrm{A}$，故其保护灵敏系数为

$$S_{\mathrm{P}}=K_{\mathrm{W}}I_{\mathrm{k}}^{(2)}/K_{\mathrm{i}}I_{\mathrm{OP}}=1\times 346\ \mathrm{A}/(20\times 6)=2.88>1.5$$

由此可见，KA2 整定的动作电流（6 A）满足灵敏度要求。

（3）电流速断保护灵敏度的校验。

根据式（4－12），其中 $I_{\mathrm{k}}^{(2)}=0.866\times 1\,100\ \mathrm{A}=953\ \mathrm{A}$，故其保护灵敏系数为

$$S_{\mathrm{P}}=K_{\mathrm{W}}I_{\mathrm{k}}^{(2)}/K_{\mathrm{i}}I_{\mathrm{qb}}=1\times 953\ \mathrm{A}/(20\times 30)>1.5$$

由此可见，KA2 整定的动作电流（倍数）也满足灵敏度要求。

## 4.6　继电保护实训

### 4.6.1　供电线路定时限过电流保护实训

**一、实验目的**

（1）掌握过流保护的电路原理，深入认识继电保护二次原理接线图和展开接线图。

（2）学会识别本实验中继电保护实际设备与原理接线图和展开接线图的对应关系，为以后各项实验打下良好的基础。

（3）进行实际接线操作，掌握过流保护的整定调试和动作实验方法。

**二、预习与思考**

（1）参阅有关教材做好预习，根据本次实验内容，参考图 4－14、图 4－15 设计并绘制过电流保护实验接线图（参照图 4－16）。

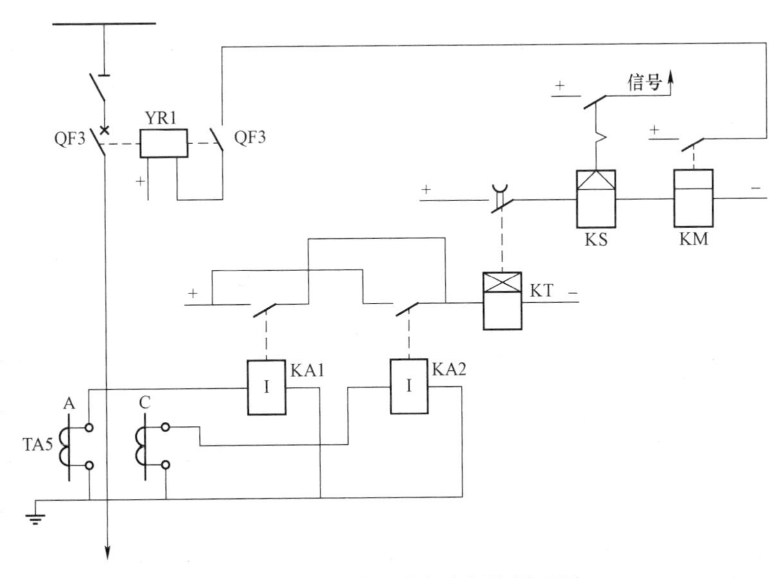


图 4－14　定时限过电流保护原理图

（2）为什么要选定主要继电器的动作值，并且进行整定？

（3）过电流保护中哪一种继电器属于测量元件？

**三、原理与说明**

对于 3～66 kV 供电线路，作为线路的相间短路保护，主要采用带时限的过电流保护和瞬时动作的电流速断保护。如果过电流保护时限为 0.5～0.7 s 时，可不装设电流速断保护。相间短路动作于跳闸，以切除短路故障。

带时限的过电流保护，按其动作时限特性分为定时限过电流保护和反时限过电流保护两种。图 4－14 为定时限过电流保护的原理图，图 4－15 为其展开图。

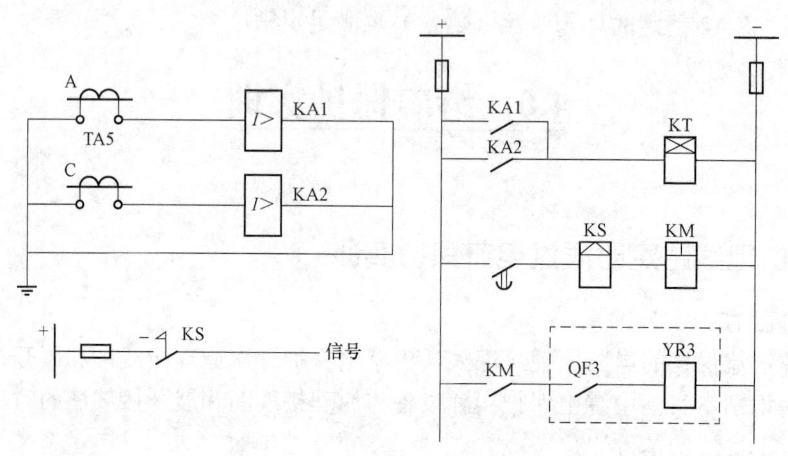


图 4－15　定时限过电流保护展开图

定时限过电流保护的整定计算方法请参考相关教材，本章 4.5 节有基于本实验一次系统参数的过电流保护整定计算详细过程。

定时限过电流保护的优点：动作时间比较精确，整定简便，而且不论短路电流大小，动作时间都是一定的，不会因为短路电流小、动作时间长而延长故障时间。缺点：所需继电器多，接线复杂，且需直流操作电源，投资较大；靠近电源处的保护装置，其动作时间较长，这是带时限过电流保护的共有缺点。

**四、实验设备**

所需实验设备见表 4－1。

**表 4－1　实验设备**

| 序号 | 设备名称 | 使用仪器名称 | 数量 |
| --- | --- | --- | --- |
| 1 | LGP01 | 电流继电器 | 1 |
| 2 | LGP04 | 时间继电器 | 1 |
| 3 | LGP05 | 出口中间继电器 | 1 |
| 4 | LGP06 | 信号继电器 | 1 |
| 5 | LGP32 | 交流数字真有效值电流、电压表 | 1 |
| 6 | 监控台 | 电流互感器二次信号 | 1 |

## 五、实验步骤

1. 实验前准备

（1）将供配电实验系统总电源开关断开，将监控台的“实验内容选择”转换开关旋到“线路保护”挡。

（2）将所有监控台上所有电流互感器（实验中需要接线的除外）二次侧短接。

（3）合上实验系统电源开关、监控台电源开关、PLC 电源开关，开始以下实验内容。

2. 实验步骤

（1）选择电流继电器的动作值（确定线圈接线方式）和时间继电器的动作时限。过电流保护的整定计算过程见 4.5 节，电流继电器选用 DL－23C/6，整定电流为 2.1 A，时间继电器选用 DS－23，整定时间为 5 s。

（2）分别对电流继电器和时间继电器进行整定调试。

（3）按图 4－16 过电流保护实验接线图进行接线。其中，KA 选用 DL－23C/6，KT 选用 DS－23，KS 选用 JX21－A/T，KM 选用 ZJ3－3A。

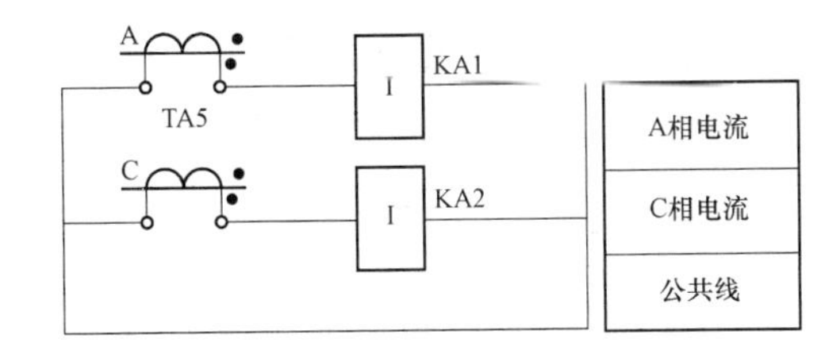


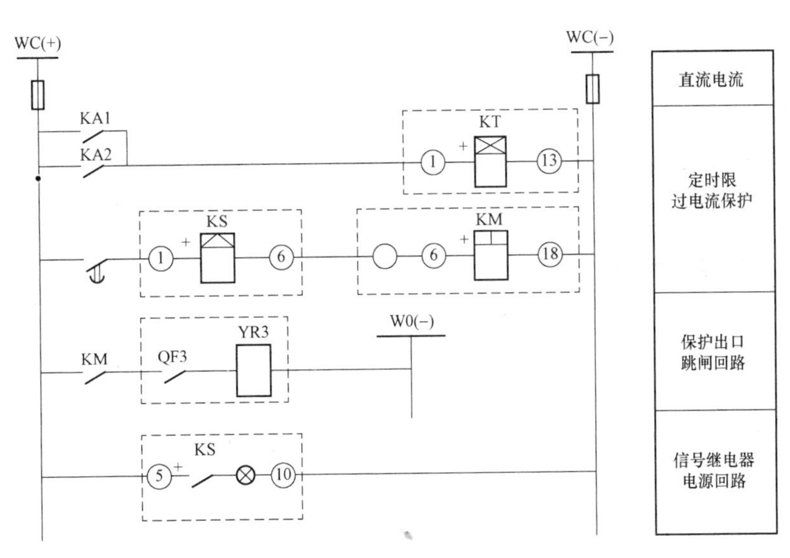


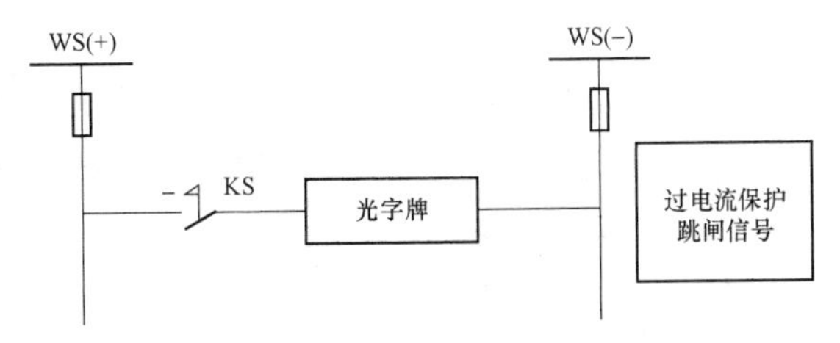


图 4－16　过电流保护实验接线图

（4）依次合上电气控制模拟屏的 QS1，QF1，QS3，QS7，QF3，QS10，QF5，QF7，QF12，其他开关元件断开。

（5）分别设置 AB、BC、CA 相间短路，短路点分别设置在末端和 80%处，将短路设置投入，观察保护动作情况并将相关数据记录进表 4－2，由于没有电流速断保护，故短路点不宜设置在首端和 20%处，以免短路电流太大影响设备使用寿命。

**表 4－2 定时限过流保护实验数据（$I_{OP}=2.1$ A，$T=5$ s）**

| 短路点 / 短路类型 | 末端 | 80% | QF3 是否动作 |
|---|---|---|---|
| | 最大短路电流（高压一次侧） | | |
| AB 相间短路 | | | |
| BC 相间短路 | | | |
| CA 相间短路 | | | |
| 三相短路 | | | |

**六、实验报告**

（1）安装调试及动作实验结束后要认真进行分析总结，按实验报告要求及时写出过电流保护的实验报告。

（2）叙述过电流保护整定实验的操作步骤。

（3）分析说明过电流保护装置的实际应用和保护范围。

（4）通过本实验谈谈你对实际设备与原理接线图和展开接线图对应关系的认识。

（5）书面解答本实验的思考题。

### 4.6.2 供电线路的电流速断保护实训

**一、实验目的**

（1）掌握电流速断保护的电路原理以及整定计算方法。

（2）理解电流速断保护和过电流保护的优缺点。

（3）进行实际接线操作，掌握两段式过电流保护的整定调试和动作实验方法。

**二、预习与思考**

（1）参阅有关教材做好预习，根据本次实验内容，绘制两段式过电流保护的原理图及展开图。

（2）电流速断保护为什么存在“死区”，怎样弥补？

**三、原理与说明**

通过上一个实验可以了解，过电流保护有一个明显的缺点，为了保证各级保护装置动作的选择性，势必出现越靠近电源的保护装置，其整定动作时限越长，而越靠近电源短路电流越大，因此危害更加严重。因此根据 GB/T 50062—2008 规定，在过电流保护动作时间超过 0.7 s 时，应装设瞬时动作的电流速断保护装置。

电流速断保护的整定计算方法请参考相关教材，也可参考本章 4.5 节的基于本实验一次系统参数的电流速断保护整定计算。

由电流速断保护的整定计算公式可知，电流速断保护不能保护本段线路的全长，这种保护装置不能保护的区域，称为“死区”，因此电流速断保护必须与带时限过电流保护配合使用，过电流保护的动作时间应比电流速断保护至少长一个时间级差$\Delta t = 0.5 \sim 0.7$ s，而且须符合前后过电流保护动作时间的“阶梯原则”，以保证选择性。

## 四、实验设备

所需实验设备如表 4－3 所示。

**表 4－3　实验设备**

| 序号 | 设备名称 | 使用仪器名称 | 数量 |
|---|---|---|---|
| 1 | LGP01 | 电流继电器 | 1 |
| 2 | LGP02 | 电流继电器 | 1 |
| 3 | LGP04 | 时间继电器 | 1 |
| 4 | LGP05 | 出口中间继电器 | 1 |
| 5 | LGP06 | 信号继电器 | 1 |
| 6 | LGP32 | 交流数字真有效值电流、电压表 | 1 |
| 7 | 监控台 | 电流、电压互感器二次信号 | 1 |

## 五、实验步骤

（1）选择电流继电器的动作值（确定线圈接线方式）和时间继电器的动作时限。（电流速断保护与过电流保护的整定计算过程见本章 4.5 节，速断保护用电流继电器 KA3、KA4 选用 DL－24C/10，整定电流为 5.6 A，过电流保护用电流继电器 KA1、KA2 选用 DL－23C/6，整定电流为 2.1 A，时间继电器选用 DS－23，整定时间为 5 s。）

（2）分别对电流继电器和时间继电器进行整定调试。

（3）按图 4－17 电流速断保护实验接线图进行接线。图中，KS1 选用 JX21－A/T，KS2 选用 DXM－2A，KM 选用 ZJ3－3A。

（4）依次合上供配电系统电气控制模拟屏的 QS1，QF1，QS3，QS7，QF3，QS10，QF5，QF8，其他开关元件断开。

（5）分别设置 AB、BC、CA 相间短路，短路点分别设置在末端和 80%、20%处，将短路设置投入，观察保护动作情况并将相关数据记入表 4－4。

**表 4－4　电流速断保护实验数据（$I_{OP1} = 2.1$ A，$I_{OP2} = 5.6$ A，$T = 5$ s）**

| 短路点 / 短路类型 | 20% | 80% | 末端 | 保护动作类型 |
|---|---|---|---|---|
| | 最大短路电流（高压一次侧） | | | |
| AB 相间短路 | | | | |
| BC 相间短路 | | | | |
| CA 相间短路 | | | | |

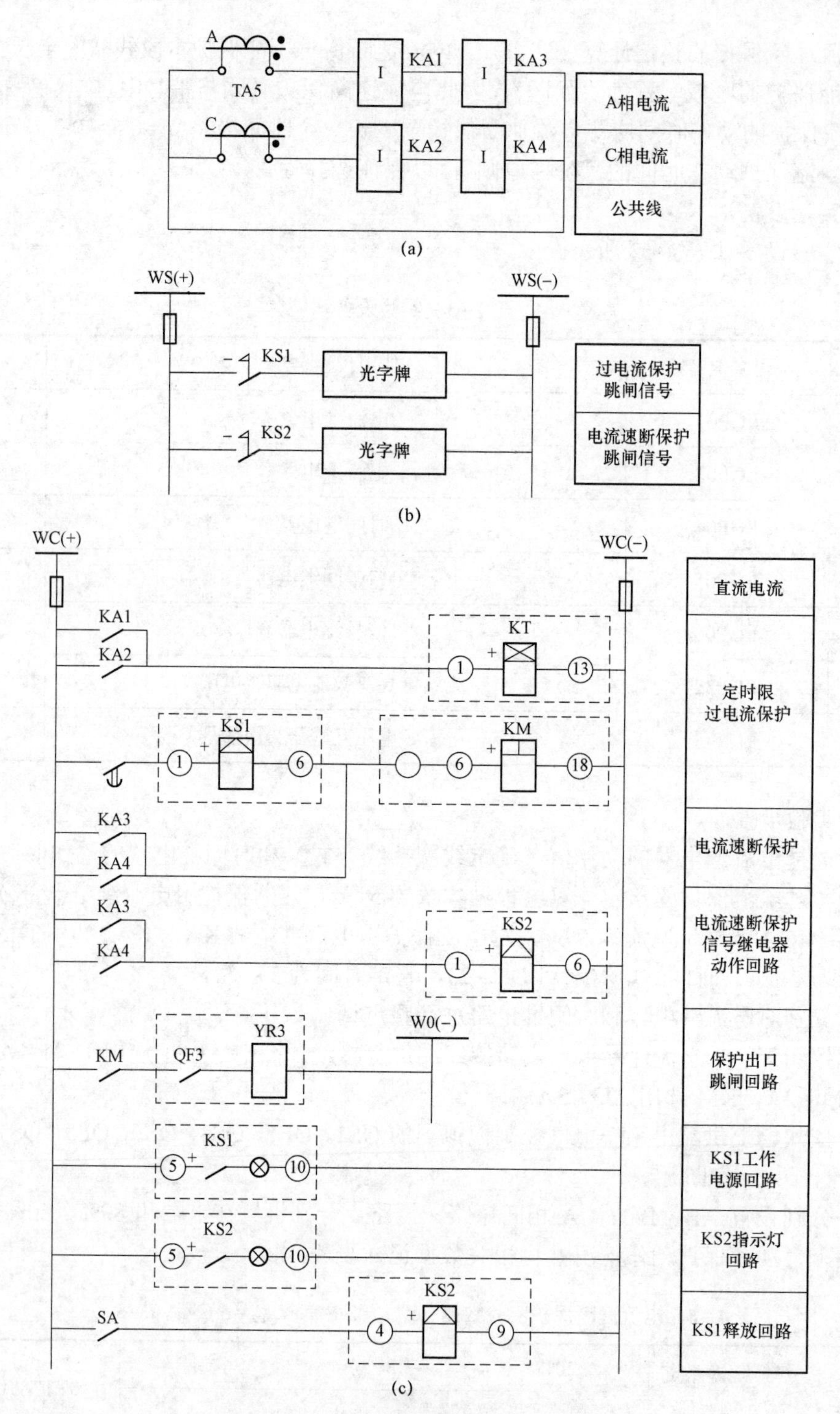


图 4－17　电流速断保护实验接线图

（a）交流回路；（b）信号回路；（c）直流回路

## 六、实验报告

（1）安装调试及动作实验结束后要认真进行分析总结，按实验报告要求及时写出电流速断保护的实验报告。

（2）叙述电流保护整定实验的操作步骤。

（3）分析说明电流速断保护装置的实际应用和保护范围。

### 4.6.3　供电线路的低电压启动过电流保护实训

**一、实验目的**

（1）掌握低电压启动过电流保护的电路原理以及整定计算方法。

（2）理解过电流保护中引入低电压闭锁的意义。

（3）进行实际接线操作，掌握低电压启动过电流保护的整定调试和动作实验方法。

**二、预习与思考**

（1）参阅有关教材做好预习，根据本次实验内容，参考图 4－18 绘制低电压启动过电流保护的原理图及展开图。

（2）结合本章 4.5 节的整定计算实例，掌握低电压启动过电流保护的整定计算方法。

**三、原理与说明**

过电流保护电路中，在电流继电器 KA 的常开触点回路中，串联接入低电压继电器 KV 的常闭触点，而 KV 线圈接入被保护线路的母线电压互感器的二次侧。

当电力系统正常运行时，母线电压接近于额定电压，因此电压继电器 KV 的常闭触点是断开的。在线路过负荷时，电流继电器 KA 有可能误动作，但由于线路过负荷时，母线电压不会有明显下降，因此电压继电器的常闭触点还保持断开状态，因此不会导致断路器误跳。所以凡装设低电压闭锁装置的过电流保护装置的动作电流，不必按躲过线路的最大负荷电流来整定，而只需按躲过线路的正常工作电流来整定，显然提高了保护的灵敏度。低电压继电器 KV 的动作电压按躲过母线正常最低工作电压来整定。具体整定计算方法请参阅教材相关内容，此处不再详述。

**四、实验设备**

所需实验设备见表 4－5。

**表 4－5　实验设备**

| 序号 | 设备名称 | 使用仪器名称 | 数量 |
|---|---|---|---|
| 1 | LGP01 | 电流继电器 | 1 |
| 2 | LGP03 | 电压继电器 | 1 |
| 3 | LGP04 | 时间继电器 | 1 |
| 4 | LGP05 | 出口中间继电器 | 1 |
| 5 | LGP06 | 信号继电器 | 1 |
| 6 | LGP32 | 交流数字真有效值电流、电压表 | 1 |
| 7 | 监控台 | 电流互感器二次信号 | 1 |

**五、实验步骤**

（1）选择电流继电器、电压继电器的动作值（确定线圈接线方式）和时间继电器的动作时限（低电压启动过电流保护的整定计算过程见 4.5 节，电流继电器选用 DL－23/6，整定电流为 2.1 A，电压继电器选用 DY－28C，整定电压为 60 V，时间继电器选用 DS－23，整定时间为 5 s。）

（2）分别对电流继电器、电压继电器和时间继电器进行整定调试。

（3）按图 4－18 低电压启动过电流保护实验接线图进行接线。图中，KS1 选用 JX21－A/T，KM 选用 ZJ3－3A。

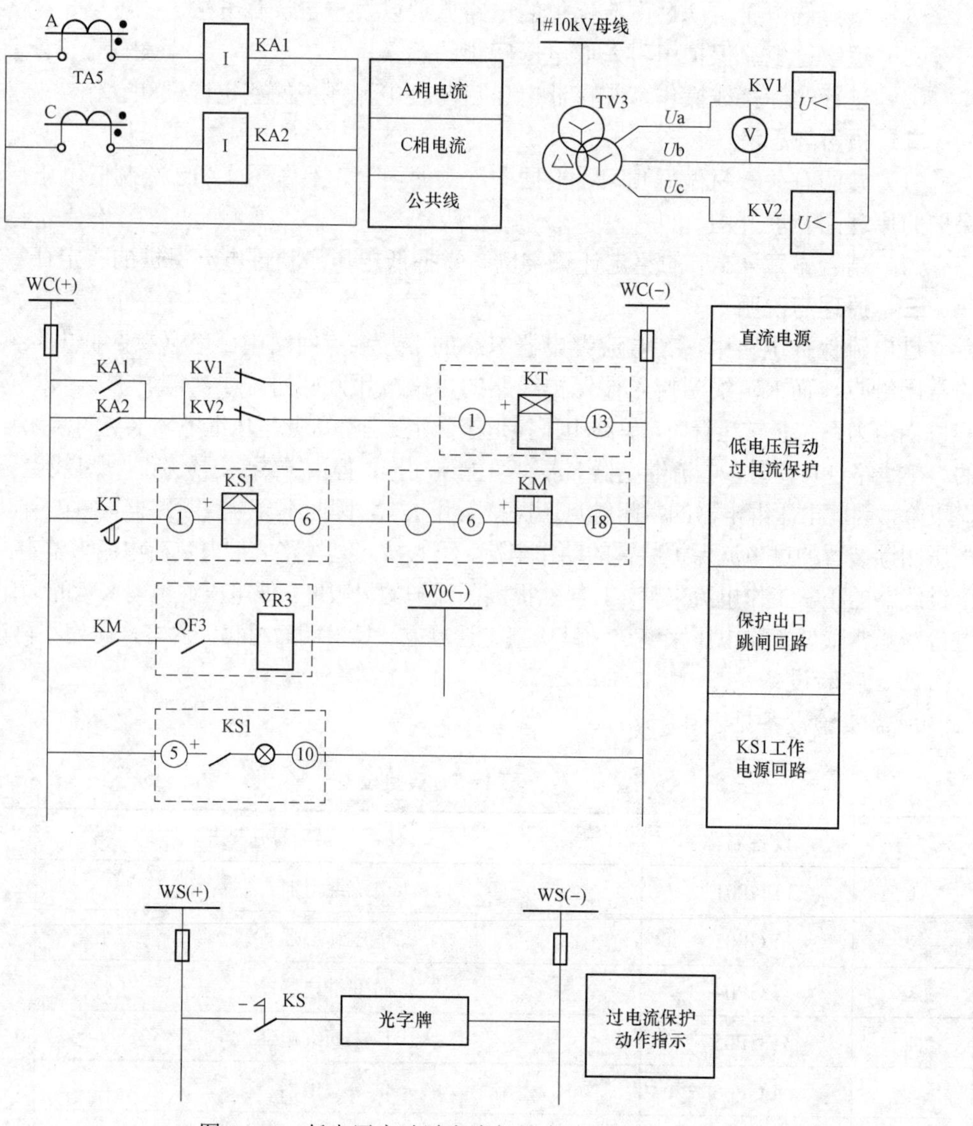


图 4－18　低电压启动过电流保护实验接线图

（4）依次合上电气控制模拟屏的 QS1，QF1，QS3，QS7，QF3，QS10，QF5，QF8，其他开关元件断开。

（5）分别设置 AB、BC、CA 相间短路，短路点分别设置在末端和 80%、20%处，将短路设置投入，观察保护动作情况并将相关数据记入表 4－6。

表 4-6　低电压启动过电流保护实验数据（$I_{OP}$=2.1 A；$U_{OP}$=5.6 A；$T$=5 s）

| 短路点 / 短路类型 | 20% | 80% | 末端 | 母线电压 | 保护是否动作 |
|---|---|---|---|---|---|
| | 最大短路电流（高压一次侧） | | | 最低线电压（高压 1#母线） | |
| AB 相间短路 | | | | | |
| BC 相间短路 | | | | | |
| CA 相间短路 | | | | | |

备注：由于实验只装设了 AB、BC 相间电压继电器，故 CA 相间短路之前，需将其中一只电压继电器改接在 AC 相间，保护才能正确动作。

**六、实验报告**

（1）安装调试及动作实验结束后要认真进行分析总结，按实验报告要求及时写出低电压启动过电流保护的实验报告。

（2）叙述低电压启动过电流保护整定实验的操作步骤。

（3）书面解答本实验的思考题。

### 4.6.4　供电线路反时限过电流保护实训

**一、实验目的**

（1）掌握感应型电流继电器基本结构和工作原理。

（2）掌握反时限过电流保护的整定计算方法。

（3）进行实际接线操作，掌握反时限过电流保护的整定调试和动作实验方法。

**二、预习与思考**

（1）参阅有关教材做好预习，了解 GL－10 系列感应型电流继电器的基本结构和工作原理。

（2）掌握反时限过电流保护的电路原理，掌握反时限过电流保护的整定计算方法。

**三、原理与说明**

GL－10/GL－20 系列感应型过电流继电器主要应用于电机、变压器等主设备以及输配电系统的继电保护回路中。当主设备或输配电系统出现过负荷及短路故障时，该继电器能按预定的时限可靠动作或发出信号，切除故障部分，保证主设备及输配电系统的安全。

由于感应型继电器同时具有反时限和速断特性，应用在带时限过电流保护中可以大大简化继电保护装置，因此在工厂供电系统中得到广泛应用。本实验系统中采用的 GL－15 型继电器具有一对过渡转换主触点，保证了在继电器的工作过程中，电流互感器的二次回路不至于开路。其典型接线见图 4－19，延时特性曲线见图 4－20。

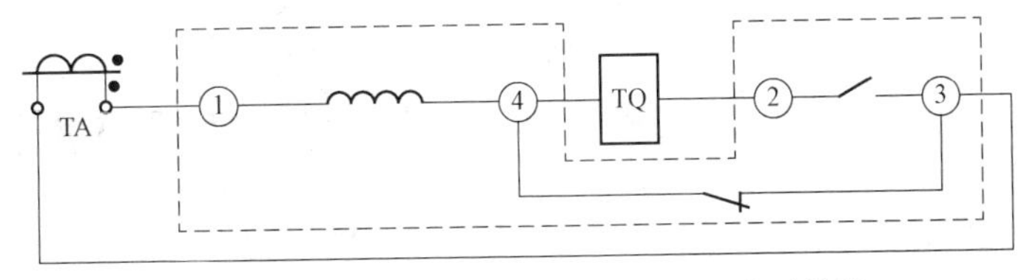


图 4－19　GL－15 在高压柜使用中的典型接线

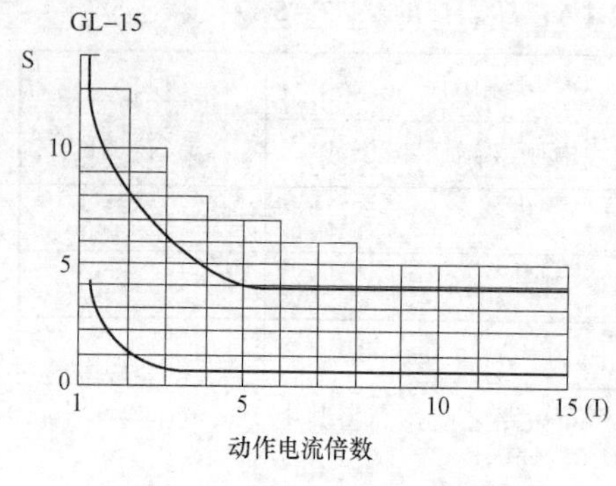

图 4－20　GL－15 延时特性曲线

反时限过电流保护的整定计算方法请参阅相关教材，需要指出的是，由于 GL 型电流继电器的时限调节机构是按 10 倍动作电流的动作时间来标度的，因此须根据前后两级保护的 GL 型继电器的动作特性曲线来整定。

与定时限过电流保护相比，反时限过电流保护所用继电器数量大为减少，而且可同时实现电流速断保护，加上可采用交流操作，因此简单经济，投资大大减少，因此它在中小企业供电系统中得到广泛应用。其缺点有：动作时间的整定比较麻烦，而且误差较大，当短路电流较小时，其动作时间可能很长，从而延长了故障动作时间。

**四、实验设备**

所需实验设备如表 4－7 所示。

**表 4－7　实验设备**

| 序号 | 设备名称 | 使用仪器名称 | 数量 |
|---|---|---|---|
| 1 | LGP01 | 电流继电器 | 1 |
| 2 | LGP09 | 反时限过电流继电器 | 1 |
| 3 | LGP04 | 时间继电器 | 1 |
| 4 | LGP05 | 出口中间继电器 | 1 |
| 5 | LGP06 | 信号继电器 | 1 |
| 6 | LGP32 | 交流数字真有效值电流、电压表 | 1 |
| 7 | 监控台 | 电流互感器二次信号 | 1 |
|  |  | 三位旋钮 | 1 |

备注：由于实验系统的断路器控制回路为直流操作，而 GL－15 不具有独立触点，因此在实验接线图 4－21 中，用电流继电器 KA1 代替 TQ，用 KA1 的触点启动跳闸回路。这与现场实际接线是不同的，请用户注意！

**五、实验步骤**

（1）选择电流继电器（确定线圈接线方式）、反时限过电流继电器的动作值。（反时限过电流保护的整定计算过程见 4.5 节，电流继电器选用 DL－23C/6，整定电流为 2.1 A。反时限过电流继电器整定电流为 2.5 A，速断电流倍数为 2 倍，10 倍电流动作时间为 1.4 s。）

（2）按图 4－21 反时限过电流保护实验接线图进行接线。图中，KA1 选用 DL－23C/6，KA2 选用 GL－15，KS 选用 JX21－A/T，KM 选用 ZJ3－3A。

（3）依次合上电气控制模拟屏的 QS1、QF1、QS3、QS7、QF3、QS10、QF5、QF8，其他开关元件断开。

（4）分别设置 AB、BC、CA 相间短路，短路点分别设置在末端和 80%、20%处，将短路设置投入，同时合上电秒表计时开关，观察保护动作情况并将相关数据记入表 4－8。

表 4－8　反时限过电流保护实验数据（$I_{OP}=2.5$ A；$T=1.4$ s）

| 短路类型 \ 短路点 | 20% | 80% | 末端 | 动作时间（s） | 保护是否动作 |
|---|---|---|---|---|---|
| | 最大短路电流（高压一次侧） | | | | |
| A 相接地短路 | | | | | |
| AB 相间短路 | | | | | |
| 三相短路 | | | | | |

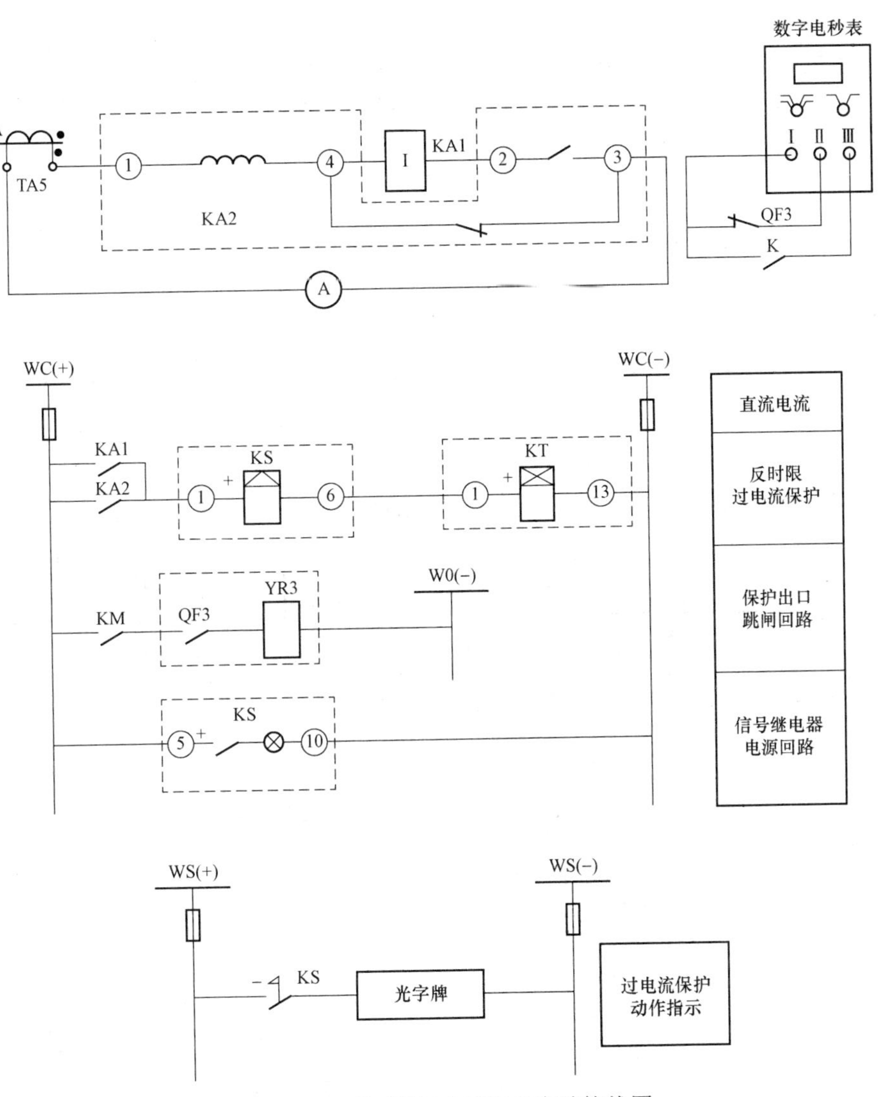


图 4－21　反时限过电流保护实验接线图

## 六、实验报告

（1）安装调试及动作实验结束后要认真进行分析总结，按实验报告要求写出反时限过电流保护的实验报告。

（2）叙述反时限过电流保护整定实验的操作步骤。

### 4.6.5 典型继电器特性实训

一、电流继电器特性实验

1. 实验目的

（1）熟悉DL型电流继电器实际结构、工作原理、基本特性。

（2）掌握动作电流值的整定方法，理解返回系数的含义。

2. 预习与思考

（1）电流继电器的返回系数为什么恒小于1？

（2）动作电流、返回电流和返回系数的定义是什么？

（3）如实验结果中返回系数不符合要求，如何进行调整？

（4）返回系数在设计继电保护装置中有何重要用途？

3. 原理说明

DL－20C系列电流继电器是用于反映发电机、变压器及输电线路短路和过负荷的继电保护装置中。

DL－20C、DY－20C系列继电器的内部接线图见图4－22。

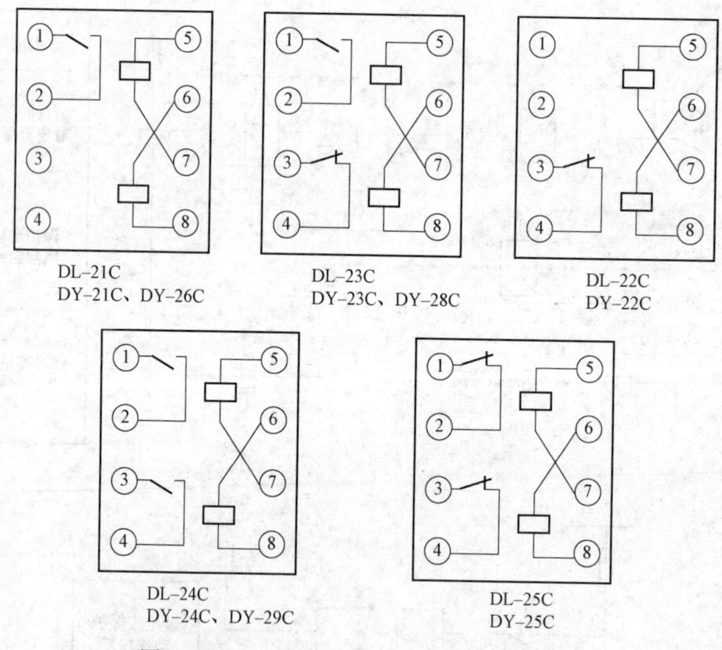


图4－22　电流（电压）继电器内部接线图

上述继电器是瞬时动作的电磁式继电器，当电磁线圈中通过的电流达到或超过整定值时，衔铁克服反作用力矩而动作，且保持在动作状态。

当电流升高至整定值（或大于整定值）时，继电器立即动作，其常开触点闭合，常闭触点断开。

继电器的铭牌刻度值是按电流继电器两线圈串联，电压继电器两线圈并联时标注的指示值等于整定值；若上述两个继电器两线圈分别做并联和串联时，则整定值为指示值的 2 倍。

转动刻度盘上指针，以改变游丝的作用力矩，从而改变继电器动作值。

4. 实验设备

所需实验设备如表 4－9 所示。

**表 4－9　实验设备**

| 序号 | 设备名称 | 使用仪器名称 | 数量 |
| --- | --- | --- | --- |
| 1 | LGP01 | DL－23C/6 型电流继电器 | 1 |
| 2 | LGP32 | 真有效值交流电流、电压表 | 1 |
| 3 | 监控台 | 触点通断指示灯 | 1 |
|  |  | 单相交流电源 | 1 |
|  |  | 可调电阻（31.2 Ω/6 A） | 1 |
| 4 | 三相调压器 | 三相自耦调压器 | 1 |

5. 实验步骤

实验前准备：

（1）将实验系统总电源开关断开，将三相调压器的 A 相输入输出用三相电源线接入监控台左侧三相插座。将调压器旋到零位，使其输出电压为零。

（2）将监控台的“实验内容选择”转换开关旋到继电器特性挡；将 QS1、QF1、QS3、QS7、QF3 依次合上，QS2 拉到分断位置。

合上实验系统电源开关，监控台电源开关，开始以下实验内容。

（1）电流继电器的动作电流和返回电流测试。

① 选择 LGP01 继电器组件中的一只（DL－23C/6 型电流继电器），确定动作值并进行初步整定。本实验整定值为 2 A 及 4 A 的两种工作状态。

② 按图 4－23 接线，检查无误后，按下监控台启动按钮，调节自耦调压器及可调电阻，增大输出电流，使继电器动作。读取能使继电器动作的最小电流值，即使常开触点由断开变成闭合的最小电流，记入表 4－10；动作电流用 $I_{OP}$ 表示。继电器动作后，反向调节三相自耦调压器及可调电阻降低输出电流，使触点开始返回至原来位置时的最大电流称为返回电流，用 $I_{re}$ 表示，读取此值并记入表 4－10，并计算返回系数；继电器的返回系数是返回电流与动作电流的比值，用 $K_{re}$ 表示。

$$K_{re}=I_{re}/I_{OP}$$

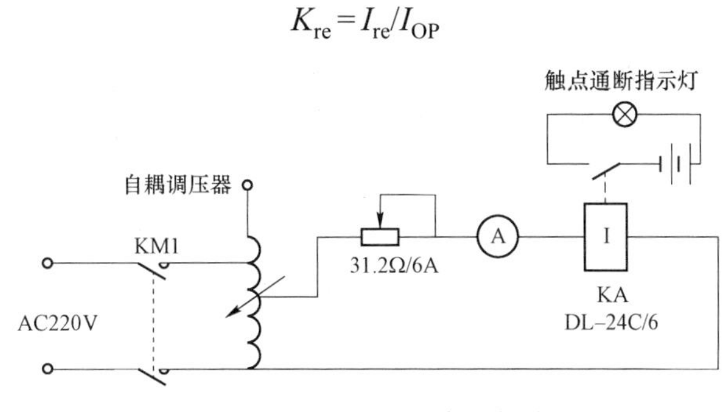


图 4－23　电流继电器实验接线图

过电流继电器的返回系数为 0.8～0.9。当小于 0.8 或大于 0.9 时，应进行调整，调整方法如上所述。

**表 4－10　电流继电器实验结果记录表**

| 整定电流 $I$ | 2 A | | | 继电器两线圈的接线方式选择为： | 4 A | | | 继电器两线圈的接线方式选择为： |
|---|---|---|---|---|---|---|---|---|
| 测试序号 | 1 | 2 | 3 | | 1 | 2 | 3 | |
| 实测起动电流 $I_{OP}$ | | | | | | | | |
| 实测返回电流 $I_{re}$ | | | | | | | | |
| 返回系数 $K_{re}$ | | | | | | | | |
| 求每次实测起动电流与整定电流的误差/% | | | | | | | | |

以上实验中，要求平稳单方向地调节电流实验参数值，并应注意舌片转动情况。如遇到舌片有动作值与返回值时测量应重复三次，每次测量值与整定值的误差不应大于±3%，否则应检查轴承和轴尖。

在实验中，除了测试整定点的技术参数外，还应进行刻度检验。

（2）返回系数的调整。

返回系数不满足要求时应予以调整。影响返回系数的因素较多，如轴间的光洁度、轴承清洁情况、静触点位置等。但影响较显著的是舌片端部与磁极间的间隙和舌片的位置。

返回系数的调整方法如下。

① 调整舌片的起始角和终止角。

调节继电器右下方的舌片起始位置限制螺杆，以改变舌片起始位置角，此时只能改变动作电流，而对返回电流几乎没有影响。故可通过改变舌片的起始角来调整动作电流和返回系数。舌片起始位置离开磁极的距离越大，返回系数越小，反之，返回系数越大。

调节继电器右上方的舌片终止位置限制螺杆，以改变舌片终止位置角，此时只能改变返回电流而对动作电流则无影响。故可通过改变舌片的终止角来调整返回电流和返回系数。舌片终止角与磁极的间隙越大，返回系数越大；反之，返回系数越小。

② 不调整舌片的起始角和终止角位置，而变更舌片两端的弯曲程度以改变舌片与磁极间的距离，也能达到调整返回系数的目的。该距离越大返回系数也越大；反之返回系数越小。

③ 适当调整触点压力也能改变返回系数，但应注意触点压力不宜过小。

（3）动作值的调整。

① 继电器的整定指示器在最大刻度值附近时，主要调整舌片的起始位置，以改变动作值，为此可调整右下方的舌片起始位置限制螺杆。当动作值偏小时，调节限制螺杆使舌片的起始位置远离磁极；反之则靠近磁极。

② 继电器的整定指示器在最小刻度值附近时，主要调整弹簧，以改变动作值。

③ 适当调整触点压力也能改变动作值，但应注意触点压力不宜过小。

（4）触点工作可靠性检验。

应着重检查和消除触点的振动。

过电流或过电压继电器触点振动的消除方法如下。

a. 如整定值设在刻度盘始端，当实验电流（或电压）接近于动作值或整定值时，发现触点振动可用以下方法消除。

静触点弹片太硬或弹片厚度和弹性不均，容易在不同的振动频率下引起弹片的振动，或由于弹片不能随继电器本身抖动而自由弯曲，以致接触不良产生火花。此时应更换弹片。

静触点弹片弯曲不正确，在继电器动作时，静触点可能将可动触点桥弹回而产生振动。此时可用镊子对静触点弹片进行适当调整。

如果可动触点桥摆动角度过大，以致引起触点不容许的振动时，可将触点桥的限制钩加以适当弯曲消除之。

变更触点相遇角度也能减小触点的振动和抖动。此角度一般为 55°～65°。

b. 当用大电流（或高电压）检查时产生振动，其原因和消除方法如下：

当触点弹片较薄以致弹性过弱，在继电器动作时由于触点弹片过度弯曲，很容易使舌片与限制螺杆相碰而弹回，造成触点振动。继电器通过大电流时，可能使触点弹片变形，造成振动。

消除方法是调整弹片的弯曲度，适当地缩短弹片的有效部分，使弹片变硬些。若用这种方法无效时，则应更换静触点弹片。

在触点弹片与防振片间隙过大时，亦易使触点产生振动。此时应适当调整其间隙距离。

继电器转轴在轴承中的横向间隙过大，亦易使触点产生振动。此时应适当调整横向间隙或修理轴尖和选取与轴尖大小适应的轴承。

调整右侧限制螺杆的位置，以变更舌片的行程，使继电器触点在电流近于动作值时停止振动。然后检查当电流增大至整定电流的 1.2 倍时，是否有振动。

过分振动也可能是触点桥对舌片的相对位置不适当所致。为此将可动触点夹片座的固定螺丝拧松，使可动触点在轴上旋转一个不大的角度，然后再将螺丝拧紧。调整时应保持足够的触点距离和触点间的共同滑行距离。

另外，改变继电器纵向串动大小，也可减小振动。

（5）电流继电器触点应满足下列要求：

以 1.05 倍动作电流或保护出现的最大故障电流冲击时，触点应无振动和鸟啄现象。

6. 实验报告

实验结束后，针对过电流继电器实验要求及相应动作值、返回值、返回系数的具体整定方法，按实验报告编写的格式和要求及时写出电流继电器实验报告和本次实验的体会，并书面解答本实验思考题。

### 二、时间继电器特性实验

1. 实验目的

熟悉 DS－20 系列时间继电器的实际结构、工作原理、基本特性，掌握时限的整定和实验调整方法。

2. 预习与思考

（1）在某一整定点的动作时间测定，所测得数值大于（或小于）该点的整定时间，并超出允许误差时，将用什么方法进行调整？

（2）根据你所学的知识说明时间继电器常用在哪些继电保护装置及自动化电路中？

3. 原理说明

DS－20 系列时间继电器用于各种继电保护和自动控制线路中，使被控制元件按时限控制原则进行动作。

DS－20 系列时间继电器是带有延时机构的吸入式电磁继电器，其中 DS－21～DS－24 是内附热稳定限流电阻型时间继电器（线圈适于短时工作），DS－21/C～DS－24/C 是外附热稳定限流电阻型时间继电器（线圈适于长时间工作）。DS－25～DS－28 是交流时间继电器。

时间继电器具有一对瞬时转换触点，一对滑动主触点和一对终止主触点。继电器内部接线见图 4－24。

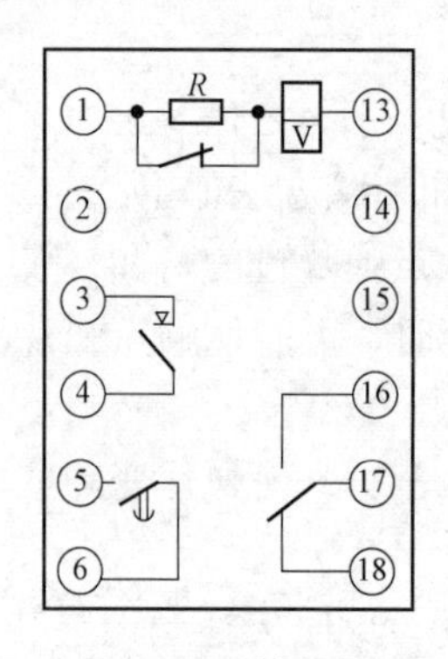


DS–21～DS–24时间继电器
正面内部接线图

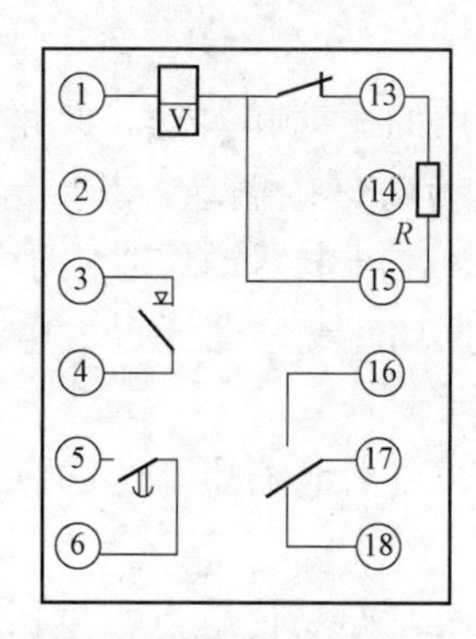


DS–21/C～DS–24C时间继电器
正面内部接线图

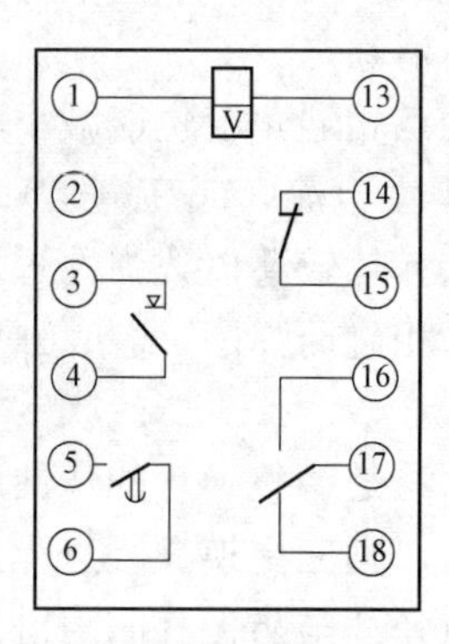


DS–25～DS–28时间继电器
正面内部接线图

图 4－24　时间继电器内部接线图

当加电压于线圈两端时，衔铁克服塔形弹簧的反作用力被吸入，瞬时常开触点闭合，常闭触点断开，同时延时机构开始启动，先闭合滑动常开主触点，再延时后闭合终止常开主触点，从而得到所需延时，当线圈断电时，在塔形弹簧作用下，使衔铁和延时机构立刻返回原位。

从电压加于线圈的瞬间起到延时闭合常开主触点止，这段时间就是继电器的延时时间，可通过整定螺钉来移动静触点位置进行调整，并由螺钉下的指针在刻度盘上指示要设定的时限。

4. 实验设备

所需实验设备如表 4－11 所示。

**表 4－11　实验设备**

| 序号 | 设备名称 | 使用仪器名称 | 数量 |
|---|---|---|---|
| 1 | LGP04 | DS－23 时间继电器 | 1 |
| 2 | LGP31 | 直流数字电流、电压表 | 1 |
| 3 | LGP33 | 数字电秒表及开关组件 | 1 |
| 3 | 监控台 | 触点通断指示灯 | 1 |
|  |  | 单相交流、直流电源 | 1 |
|  |  | 可调电阻/31.2 Ω | 1 |
| 4 | 三相调压器 | 三相自耦调压器 | 1 |

5. 实验步骤

（1）内部结构检查。

① 观察继电器内部结构，检查各零件是否完好，各螺丝固定是否牢固，焊接质量及线头压接应保持良好。

② 衔铁部分检查。

手按衔铁使其缓慢动作应无明显摩擦，放手后靠塔形弹簧返回应灵活自如，否则应检查衔铁在黄铜套管内的活动情况，塔形弹簧在任何位置不许有重叠现象。

③ 时间机构检查。

当衔铁压入时，时间机构开始走动，在到达刻度盘终止位置，即触点闭合为止的整个动作过程中应走动均匀，不得有忽快忽慢、跳动或中途卡住现象，如发现上述不正常现象，应先调整钟摆轴承螺丝，若无效可在老师指导下将钟表机构解体检查。

④ 接点检查。

a. 用手压入衔铁时，瞬时转换触点中的常闭触点 18、17 应断开，常开触点 17、16 应闭合。

b. 时间整定螺丝整定在刻度盘上的任一位置，用手压入衔铁后经过所整定的时间，动触点应在距离静触点首端的 1/3 处开始接触静触点，并在其上滑行到 1/2 处，即中心点停止。可靠地闭合静触点；释放衔铁时，应无卡涩现象，动触点也应返回原位。

c. 动触点和静触点应清洁无变形或烧损，否则应打磨修理。

（2）动作电压，返回电压测试。

实验接线见图 4－25，选用 LGP04 挂板的 DS－23 型时间继电器，整定范围为 2.5～10 s。

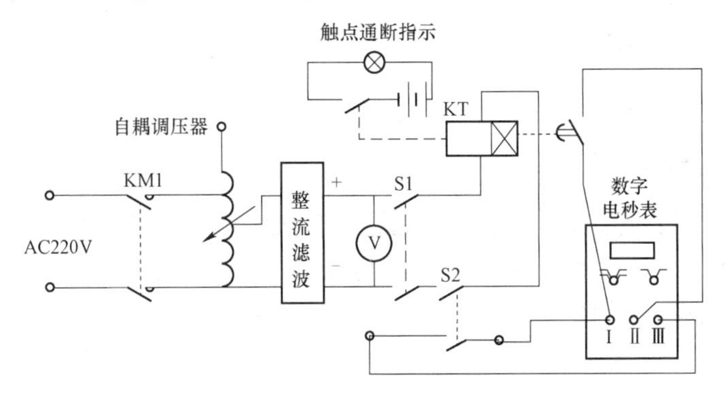


图 4－25　时间继电器实验接线图

① 动作电压 $U_{OP}$ 的测试。

按图 4－25 接好线，将调压器置于输出电压最小位置，合上 S1 及 S2，调节调压器使输出电压由最小位置慢慢地升高到时间继电器的衔铁完全被吸入为止，停止调节电压，并保持此输出不变。断开开关 S1，然后迅速合上开关 S1，以冲击方式使继电器动作，如不能动作，再增大输出电压，用冲击方式使继电器衔铁瞬时完全被吸入的最低冲击电压即为继电器的最低动作电压 $U_d$，断开开关 S1，将动作电压 $U_d$ 填入表 4－6 内。$U_{OP}$ 应不大于 70%$U_N$（154 V）。

对于 DS－21/C～DS－24/C 型 $U_{OP}$ 应不大于 75%$U_N$，对于 DS－25～DS－28 型 $U_{OP}$ 应不大于 85%$U_N$。

② 返回电压 $U_{re}$ 的测试。

合上 S1，调节调压器使直流电压增至额定值 220 V，然后缓慢调节调压器降低输出电压，使电压降低到触点开启即继电器的衔铁返回到原来位置的最高电压即为 $U_{re}$，断开开关 S1，将 $U_{re}$ 填入表 4－6 内。应使 $U_{re}$ 不低于 0.05 倍额定电压（11 V）。

若动作电压过高，则检查返回弹簧力量是否过强，衔铁在黄铜套管内摩擦是否过大，衔铁是否生锈或有污垢，线圈是否有匝间短路现象。

若返回电压过低，检查返回弹簧力量是否过弱。

（3）动作时间测定。

动作时间测定的目的是检查时间继电器的控制延时动作的准确程度，也能间接发现时间继电器的机械部分所存在的问题。

测定是在额定电压下，取所试验继电器允许时限整定范围内的大、中、小三点的整定时间值（见表 4－12），在每点测定三次，将数据填入表 4－12。

**表 4－12　时间继电器实验记录**

<table>
<tr><td>继电器铭牌记录</td><td>内部结构检查记录</td><td colspan="5"></td></tr>
<tr><td rowspan="6">额定电压<br>整定范围<br>制造厂<br>出厂年月<br>号码</td><td rowspan="6">特性实验记录</td><td>动作电压<br>____V</td><td>为额定电压的<br>____%</td><td colspan="2">返回电压<br>____V</td><td>为额定电压的<br>____%</td></tr>
<tr><td>整定时间 t/s</td><td>2.5 s</td><td>5 s</td><td>7.5 s</td><td>10 s</td></tr>
<tr><td>第一次测试结果</td><td></td><td></td><td></td><td></td></tr>
<tr><td>第二次测试结果</td><td></td><td></td><td></td><td></td></tr>
<tr><td>第三次测试结果</td><td></td><td></td><td></td><td></td></tr>
<tr><td>平均值</td><td></td><td></td><td></td><td></td></tr>
</table>

按图 4－25 接好线后，将继电器定时标度放在较小刻度上（如 DS－23 型可整定在 2.5 s）。合上开关 S1、S2，调节调压器，使加在继电器上的电压为额定电压 $U_N$（本实验所用时间继电器额定电压为直流 220 V），拉开 S2，合上电秒表工作电源开关，并将电秒表复位，然后投入 S2，使继电器与电秒表同时启动，继电器动作后经一定时限，图 4－24 中时间继电器触点⑤、⑥闭合。将电秒表控制端“Ⅰ”和“Ⅱ”短接，秒表停止记数，此时电秒表所指示的时间就是继电器的延时时间，把测得数据填入表 4－12 中，每一整定时间刻度应测定三次，取三次平均值作为该刻度的动作值。

然后将定时标度分别置于中间刻度 5 s、7.5 s 及最大刻度 10 s 上，按上述方法各重复三次，求平均值。

动作时限应和刻度值相符，允许误差不得超过规定值，若误差大于规定值时，可调节钟表机构摆轮上弹簧的松紧程度。

为确保动作时间的精确测定，合上电秒表电源开关后应稍停片刻，然后再合 S2。秒表上的工作选择开关 K 应置于“连续”状态。

6. 实验报告

实验结束后，结合时间继电器的各项测试内容及时限整定的具体方法，按实验报告编写的格式和要求及时写出时间继电器实验报告和本次实验体会，并书面解答本实验的思考题。

## 三、中间继电器特性实验

1. 实验目的

（1）熟悉中间继电器的实际结构、工作原理、基本特性。

（2）掌握各类中间继电器的测试和调整方法。

2. 预习与思考

（1）具有保持绕组的中间继电器为什么要进行极性检验？如何判明各绕组的同极性端子？

（2）使用中间继电器一般根据哪几个指标进行选择？

（3）发电厂、变电所的继电保护及自动装置中常用哪几种中间继电器？

3. 原理说明

DZ－30B、DZB－10B、DZS－10B 系列中间继电器用于直流操作的各种继电保护和自动控制线路中，作为辅助继电器以增加接点数量和接点容量。

ZJ3－A 系列快速中间继电器用于电力系统二次回路继电保护和自动控制线路中，用于切换电路、增加保护和控制回路的触点数量、触点容量及出口跳闸电路。

DZ－30B 为电磁式瞬时动作继电器。当电压加在线圈两端时，衔铁向闭合位置运动，此时常开触点闭合，常闭触点断开。断开电源时，衔铁在接触片的反弹力下，返回到原始状态，常开触点断开，常闭触点闭合。DZ－30B 中间继电器内部接线见图 4－26。

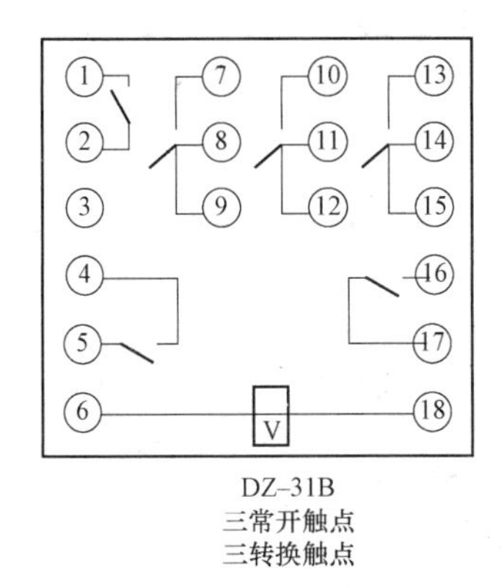


DZ-31B
三常开触点
三转换触点

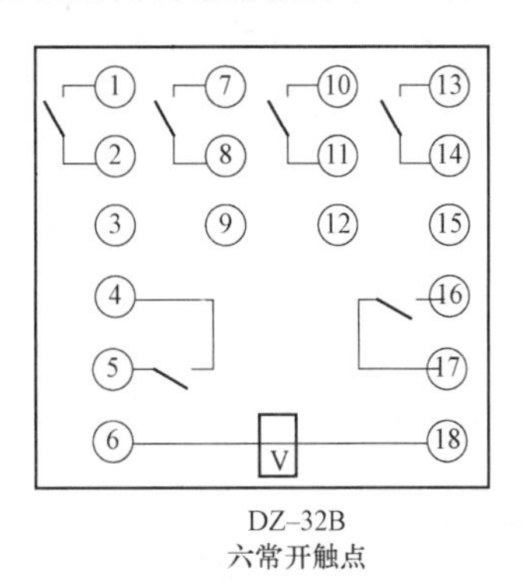


DZ-32B
六常开触点

图 4－26　DZ－30B 中间继电器内部接线

DZB－10B 系列是具有保持绕组的中间继电器，它基于电磁原理工作，按不同要求在同一铁芯上绕有两个以上的线圈，其中 DZB－11B、DZB－12B、DZB－13B 为电压启动、电流保持型；DZB－14B 为电流启动、电压保持型。该系列继电器为瞬时动作继电器。当动作电压（或电流）加在线圈两端时，衔铁向闭合位置运动，此时，常开触点闭合，常闭触点断开，断开启动电源时，由于电压（或电流）保持绕组的磁场的存在所以衔铁仍然闭合，只有保持绕组断电后，衔铁在接触片的反弹力作用下返回到原始状态，常开触点断开，常闭触点闭合。DZB－10B 系列中间继电器内部接线见图 4－27。

DZS－10B 系列是带有时限的中间继电器，它基于电磁原理工作。继电器分为动作延时和返回延时两种，本系列中的 DZS－11B、DZS－13B 为动作延时继电器，DZS－12B、14B 为返回延时继电器。在这种继电器线圈的上面或下面装有阻尼环，当线圈通电或断电时，阻尼环中感应电流所产生的磁通会阻碍主磁通的增加或减少，由此获得继电器动作延时或返回延时。DZS－10B 中间继电器内部接线见图 4－28。

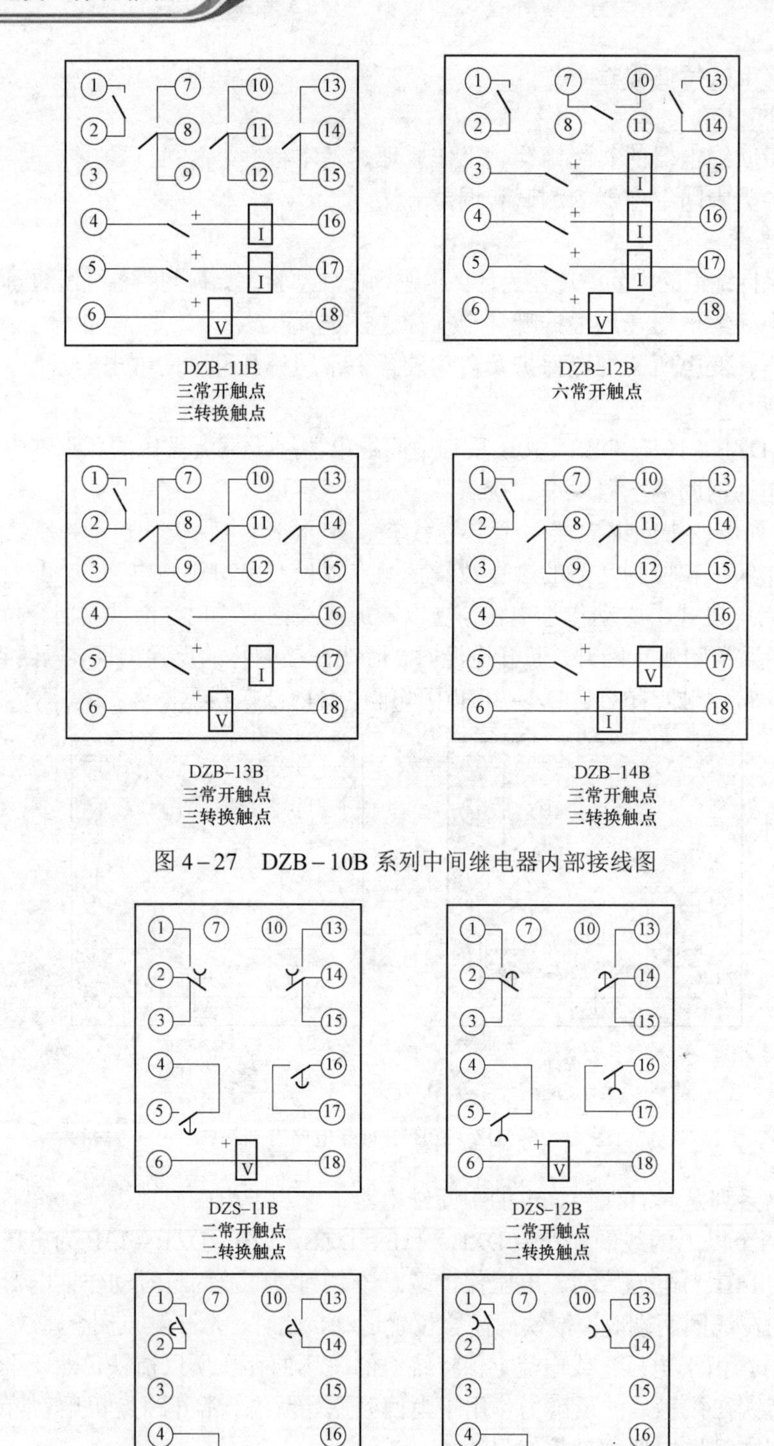


图 4－27　DZB－10B 系列中间继电器内部接线图



图 4－28　DZS－10B 中间继电器内部接线图

ZJ3－A 系列是快速中间继电器，ZJ3－1A、ZJ3－2A 继电器只有一个电压绕组；ZJ3－3A 继电器有一个电压动作绕组及两个电流保持绕组；ZJ3－4A 继电器有一个电压绕组和三个电流保持绕组；ZJ3－5A 继电器有一个电压绕组和一个电流绕组，可以电压动作或电流动作，电流动作时端子 5 和外附电阻的另一端连接是电压保持，电压动作时端子 5 和端子 4 连接是电流保持，根据使用实际情况可自行连接。ZJ3－A 中间继电器内部接线见图 4－29。

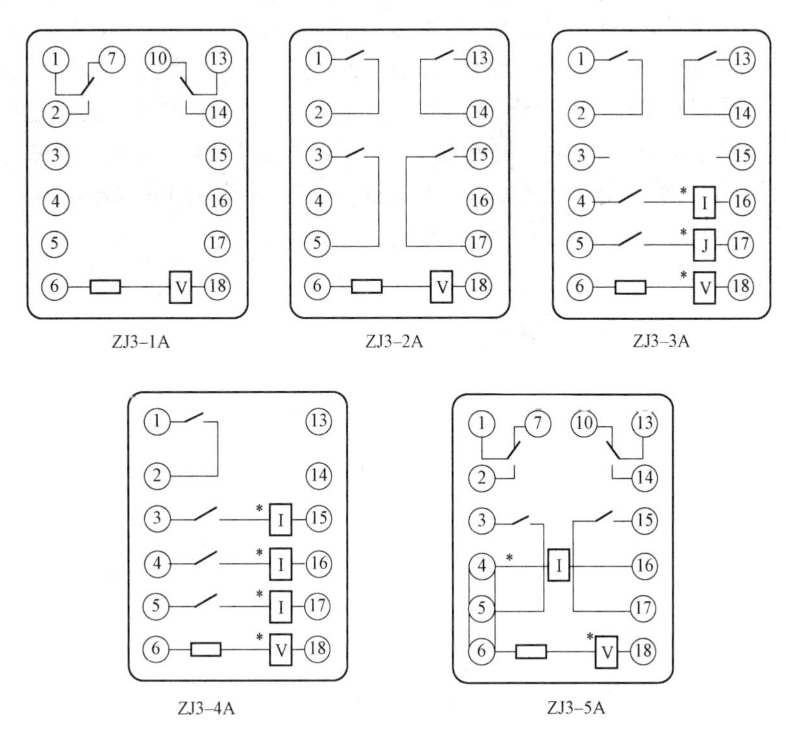


图 4－29　ZJ3－A 系列中间继电器内部接线图

4. 实验设备

所需实验设备见表 4－13。

**表 4－13　实验设备**

| 序号 | 设备名称 | 使用仪器名称 | 数量 |
|---|---|---|---|
| 1 | LGP05 | ZJ3－3A、DZS－12B 型中间继电器 | 1 |
| 2 | LGP07 | DZB－14B 型中间继电器 | 1 |
| 3 | LGP10 | DZ－31B 型中间继电器 | 1 |
| 4 | LGP31 | 直流数字电流、电压表 | 1 |
| 5 | LGP33 | 数字电秒表及开关组件 | 1 |
| 6 | LGP41 | 可调电阻实验组件 | 1 |
| 7 | 监控台 | 触点通断指示灯 | 1 |
|  |  | 单相交流、直流电源 | 1 |
| 8 | 三相调压器 | 三相自耦调压器 | 1 |

5. 实验步骤

（1）继电器动作值与返回值检验。

实验接线图如图 4-30、图 4-31。实验时调节三相自耦调压器逐步增大输出电压（或电流），使继电器动作，然后断开开关 S1，再瞬间合上开关 S1 看继电器能否动作，如不能动作，调节调压器加大输出电压（或电流）。在给继电器突然加入电压（或电流）时，使衔铁完全被吸入的最低电压（或电流）值即为动作电压（电流）值，记入表 4-14。继电器的动作电压不应大于额定电压的 70%。动作电流不应大于其额定电流。出口继电器动作电压应为其额定电压的 50%～70%。然后缓慢减少电压（电流），使继电器的衔铁返回到原始位置的最大电压（电流）值即为返回值，记入表 4-14。对于 ZJ3-A 及 DZS-10B 系列中间继电器，返回电压不应小于额定电压的 5%。对于 DZB-10B 系列中间继电器，返回电压（电流）值不应小于额定值的 3%。

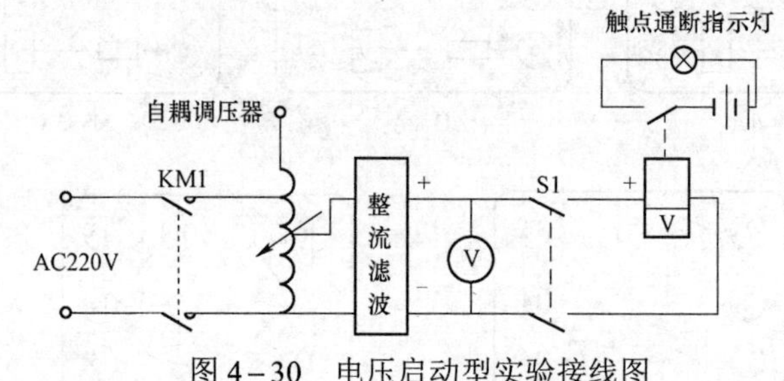


图 4-30　电压启动型实验接线图

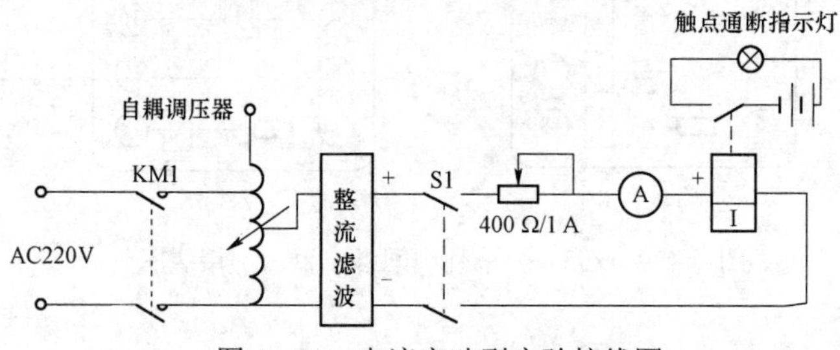


图 4-31　电流启动型实验接线图

（2）保持值测试。

对于 DZB-10B、ZJ3-A 系列具有保持绕组的中间继电器，应测量保持线圈的保持值，实验接线图如图 4-32、图 4-33 所示。

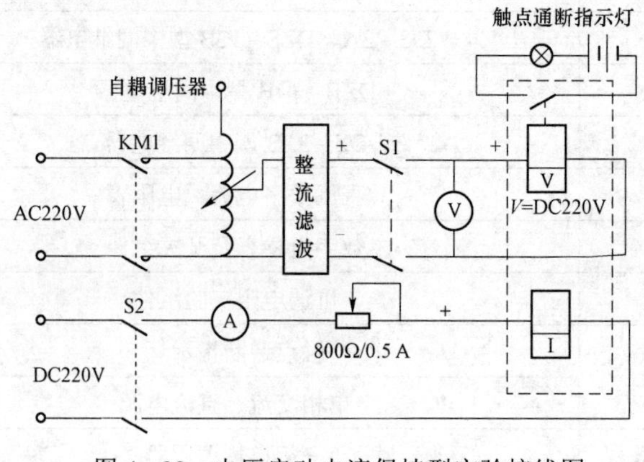


图 4-32　电压启动电流保持型实验接线图

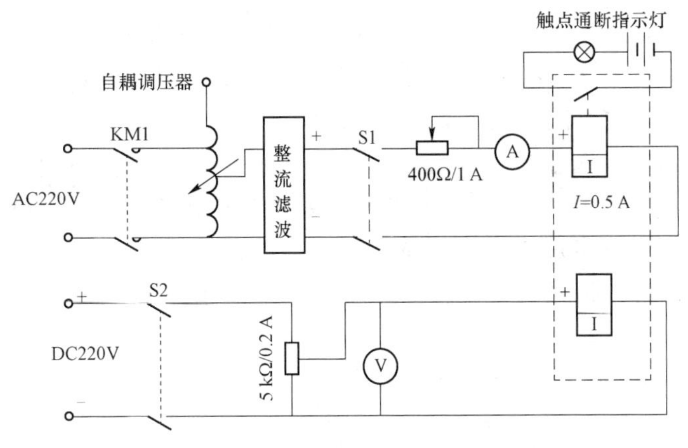


图 4－33　电流启动电压保持型实验接线图

实验时，先在动作线圈加入额定电压（电流）使继电器动作后，调整保持线圈回路的电流（电压），测出断开开关 S1 后，继电器能保持住的最小电流（电压），此即为继电器最小保持值，记入表 4－14。电流保持型线圈的最小保持值不应大于额定电流的 80%。电压保持型线圈的最小保持值不得大于额定电压的 70%。但也不得过小，以免返回不可靠。

**表 4－14　中间继电器实验数据记录**

| 继电器型号 | 启动电压/电流 | 返回电压/电流 | 保持电流/电压 | 返回延时时间 |
| --- | --- | --- | --- | --- |
| | | | | |
| | | | | |
| | | | | |
| | | | | |

继电器的动作、返回和保持值与其要求的数值相差较大时，可以调整弹簧的拉力或者调整衔铁限制机构，以改变衔铁与铁芯的气隙，使其达到要求。

继电器经过调整后，应重测动作值、返回值和保持值。

3. 返回时间测定

按图 4－34 接好线，检查无误后，启动电源，合上开关 S1，调整可变电阻 $R$，增大输出电压，使其达到被测继电器的额定电压，将电秒表“工作选择”开关旋到“触发”挡，“时

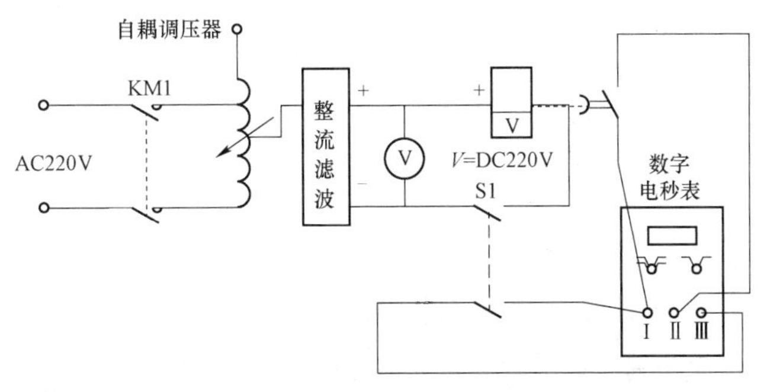


图 4－34　测定继电器返回时间实验接线图

标选择”开关旋到“1 ms”挡，然后按复位按钮清零。迅速断开开关 S1，电秒表开始计时，经一定延时后，中间继电器 DZS－12B 的常开触点断开，电秒表中止计时，电秒表所指示时间即为继电器的返回延时时间，记入表 4－14。

6. 实验报告

实验结束后认真总结，针对实验中四种继电器的具体测试方法，按要求及时写出中间继电器实验报告和本次实验体会，并书面解答本实验的思考题。

**四、信号继电器特性实验**

1. 实验目的

（1）熟悉和掌握 DXM－2A 型信号继电器的工作原理、实际结构、基本特性及其工作参数和释放参数的测试方法。

（2）熟悉和掌握 JX21－A 型信号继电器的工作原理、实际结构、基本特性及其工作参数和释放参数的测试方法。

2. 预习与思考

（1）DXM－2A 型信号继电器具有哪些特点？

（2）实验时为什么要注意工作线圈的极性和释放线圈的极性？如接反了会出现什么情况？

（3）JX21－A 型信号继电器与 DXM－2A 型信号继电器相比，有什么不同?

3. 原理说明

（1）DXM－2A 型信号继电器适用于在直流操作的继电保护线路和自动控制线路中做远距离复归的动作指示。

继电器由密封干簧接点、工作绕组、释放绕组、自锁磁铁和指示灯等组成，其内部接线如图 4－35 所示。

当继电器工作绕组的端子①～⑥加入电流（或电压）时，线圈所产生的磁场作用在簧片两端的磁通极性与放置在线圈内的永久磁铁极性相同，两磁通叠加，使触点闭合，信号指示灯亮。在工作绕组断电后触点借永久磁铁的作用进行自保持；当在释放绕组④和⑨二端间加入电压时，所产生的磁场作用在触点簧片两端的磁通与磁铁极性相反，两磁通相互抵消，使触点返回原位，指示灯灭。

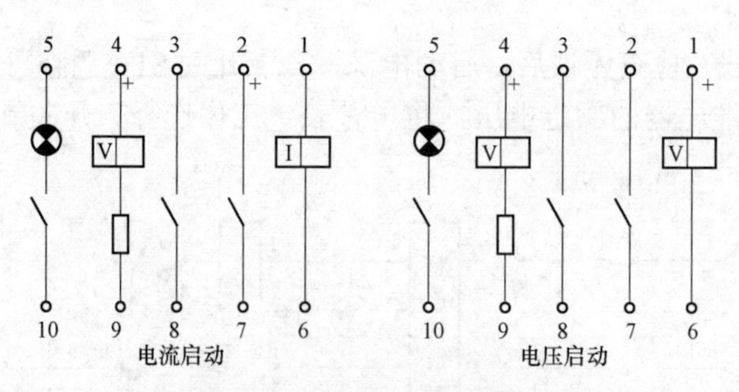


图 4－35　信号继电器内部接线图

（2）JX21－A 系列信号继电器应用于直流操作保护线路中，作为信号指示器用。继电器由电流或电压动作，灯光信号，磁保持，手复归或电复归。可靠性好，可替代原有的 DX－11、DX－11A 系列、DX－8、DX－8G 系列，DXM－2A 系列，DX－30 系列等电磁型信号继电器。

JX21－A 型信号继电器由光电耦合和电阻等器件组成采样检测回路。当被测信号到达一定值时，光耦开通，开通信号经一个运算放大器放大，推动后级出口回路，使出口继电器动作，并由自保持回路进行自保持，在启动回路信号消失后继电器依然处于动作状态，只有在按下复归按钮或在复归端施加复归电压后，继电器方可返回。

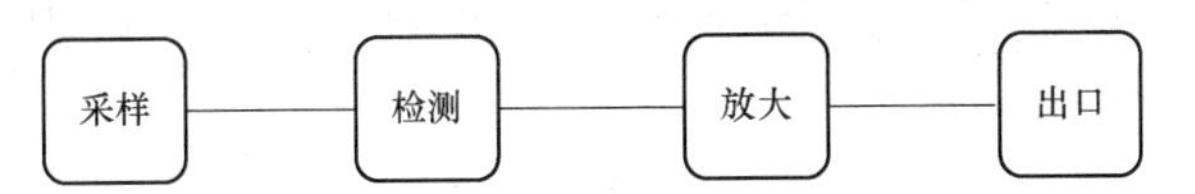


4. 实验设备

所需实验设备见表 4－15。

**表 4－15　实验设备**

| 序号 | 设备名称 | 使用仪器名称 | 数量 |
|---|---|---|---|
| 1 | LGP06 | 信号继电器 | 1 |
| 2 | LGP31 | 直流数字电流、电压表 | 1 |
| 3 | LGP41 | 可调电阻实验组件 | 2 |
| 4 | 监控台 | 触点通断指示灯 | 1 |
|  |  | 单相交流、直流电源 | 1 |
| 5 | 三相调压器 | 三相自耦调压器 | 1 |

5. 实验步骤

（1）动作电流（电压）和释放电压测试。

电流（电压）启动型信号继电器实验接线分别见图 4－36 和图 4－37。

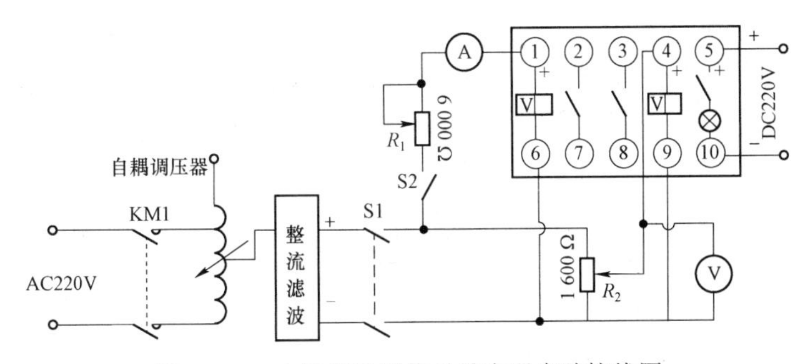


图 4－36　电流启动型信号继电器实验接线图

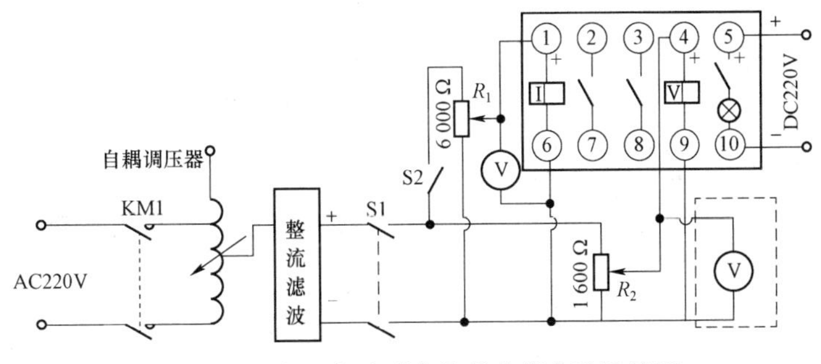


图 4－37　电压启动型信号继电器实验接线图

接线时应注意工作线圈和释放线圈的极性，端子①为工作绕组正极性端子，端子④为释放线圈的正极性端子，接好线经指导教师检查后方可合上开关 S1 及 S2，调整 $R_2$ 使加在④、⑨两端电压为零，慢慢调整可变电阻 $R_1$ 加大输出电流（或电压）直至继电器动作，指示灯亮。此时电流表（或电压表）指示值即为继电器的动作值，填入表 4－16。

备注：在图 4－37 中，先将电压表并接在①、⑥端子，动作电压测试完成后，将电压表并接于④、⑨端子，测量释放电压。

对于电流启动继电器，动作值不应超过额定电流；电压启动继电器的动作值不应超过额定电压。然后断开开关 S2，切断工作绕组电源，继电器触点应保持在动作位置。

断开 S2，调整可变电阻 $R_2$ 加大输出电压，当电压达到额定释放电压的 60%时，断开 S1，然后迅速合上 S1，观察触点是否断开，如果继电器触点断开、指示灯灭，降低电压，每降 5 V，断开 S1 后迅速合上，观察触点是否断开，直到实验找到能使触点可靠断开的最低电压；如果继电器触点在突加 60%额定释放电压情况下不断开，则继续升高电压，每升 5 V，重复上述步骤，直到实验找到能使触点可靠断开的最低电压。填入表 4－17，继电器的释放电压不应超过 70%的额定电压。

**表 4－16　DXM－2A 信号继电器实验数据记录**

| 名牌数据 | | 实验记录 | |
|---|---|---|---|
| 型号 | | 工作绕组直流电阻 | 释放绕组直流电阻 |
| 工作绕组额定值 | | ______Ω | ______Ω |
| 释放绕组额定值 | | 动作值______V | 为额定值的____% |
| 工作绕组电阻/Ω | | 释放值______V | 为额定值的____% |
| 释放绕组电阻/Ω | | | |

**表 4－17　JX－21A 信号继电器实验数据记录**

| 铭牌数据 | | 实验记录 | |
|---|---|---|---|
| 工作绕组额定值 | | 动作值______V | 为额定值的____% |
| 释放绕组额定值 | | 释放值______V | 为额定值的____% |

（2）动作时间，返回时间。

对继电器的工作绕组和释放绕组加额定值时，其动作时间与返回时间不超过 10 ms。

6. 实验报告

实验结束后认真总结，结合电流启动型和电压启动型两种信号继电器的具体测试方法，按要求写出信号继电器的实验报告，同时书面解答本实验的思考题。

### 4.6.6　实训模型的整定计算

一次系统屏建立 10 kV 电力线路模型如图 4－38 所示，已知 TA3 变流比为 100/5，TA5 变流比为 75/5。WL1 和 WL2 的过电流保护都采用两相两继电器式接线，WL1 的计算电流为 30 A，WL2 的计算电流为 15 A，WL2 首端 $k-1$ 点的三相短路电流为 180 A，其末端短路点 $k-2$ 的三相短路电流为 70 A。试整定 KA2 的动作电流和动作时间。

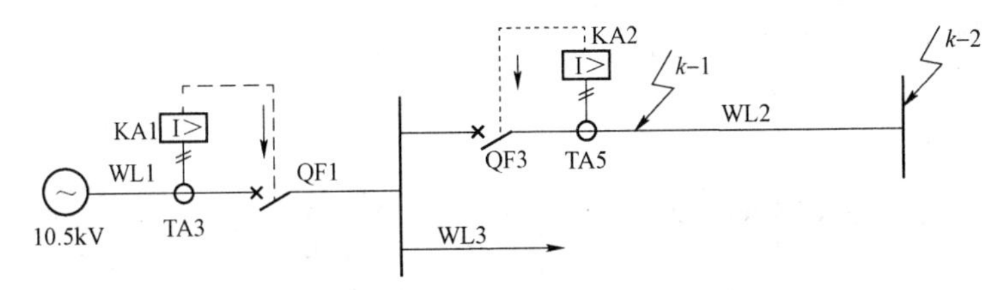


图 4−38　供配电系统电力线路模型示意图

## 一、采用 DL−20 型电流继电器

1. 定时限过电流保护整定计算

（1）整定 KA2 的动作电流：

取 $I_{\mathrm{Lmax}}=1.5\,I_{30}=1.5\times15\ \mathrm{A}=22.5\ \mathrm{A}$，$K_{\mathrm{rel}}=1.2$，$K_{\mathrm{re}}=0.85$，$K_{\mathrm{i}}=75/5=15$，所以：

$$I_{\mathrm{OP2}}=\frac{K_{\mathrm{rel}}K_{\mathrm{W}}}{K_{\mathrm{re}}K_{\mathrm{i}}}I_{\mathrm{Lmax}}=\frac{1.2\times1}{0.85\times15}\times22.5\mathrm{A}=2.12\mathrm{A}$$

选择 DL−20/6A 电流继电器，动作电流整定为 2.1 A。

（2）整定 KA2 的动作时间：

10 kV 辐射式线路过电流保护的动作时限需要与 10 kV 变电所变压器过电流保护配合，10 kV 变电所一般为终端变电所，故可整定动作时限为：

$$t_2=t_1+\Delta t=0.5\ \mathrm{s}+0.5\ \mathrm{s}=1\ \mathrm{s}$$

实验中，为了让实验人员清楚地观察整个动作过程，可以将时间整定值延长，建议整定动作时间为 5 s。

（3）保护灵敏度校验：

KA2 保护的线路 WL2 末端 $k-2$ 点的两相短路电流为其保护区内的最小短路电流，即：

$$I_{\mathrm{k\,min}}^{(2)}=\frac{\sqrt{3}}{2}I_{\mathrm{k\text{-}2}}^{(3)}=0.866\times70=60.6\ \mathrm{A}$$

因此 KA2 的保护灵敏度为：

$$S_{\mathrm{p2}}=\frac{K_{\mathrm{W}}I_{\mathrm{k\,min}}^{(2)}}{K_{\mathrm{i}}I_{\mathrm{OP(2)}}}=\frac{1\times60.6}{15\times2.1}=1.92>1.5$$

2. 电流速断保护整定计算

动作电流整定：

$$I_{\mathrm{OP2}}=\frac{K_{\mathrm{rel}}K_{\mathrm{W}}}{K_{\mathrm{i}}}I_{\mathrm{kmax}}=\frac{1.2\times1}{15}\times70\ \mathrm{A}=5.6\ \mathrm{A}$$

选择 DL−20C/10A 电流继电器，动作电流整定为 5.6 A。

灵敏度校验：

$$I_{\mathrm{kmin}}=I_{\mathrm{k-1}}^{(2)}=0.866\times180\ \mathrm{A}=156\ \mathrm{A}$$

故 KA2 的速断保护灵敏度为：

$$S_{\mathrm{p}}=\frac{K_{\mathrm{W}}I_{\mathrm{k-1}}^{(2)}}{K_{\mathrm{i}}I_{\mathrm{qb}}}=\frac{1\times156}{15\times5.6}=1.86>1.5$$

因此，电流速断保护的灵敏度满足要求。

## 二、采用 GL－15 型反时限过电流继电器

1. 整定 KA2 的动作电流

取 $I_{Lmax}=1.5\,I_{30}=1.5\times15\text{ A}=22.5\text{ A}$，$K_{rel}=1.3$，$K_{re}=0.8$，$K_i=75/5=15$，所以：

$$I_{OP2}=\frac{K_{rel}K_W}{K_{re}K_i}I_{Lmax}=\frac{1.3\times1}{0.8\times15}\times22.5\text{ A}=2.44\text{ A}$$

根据 GL－15/5 型继电器规格，动作电流整定为 2.5 A。

2. 整定 KA2 的动作时间

先整定 KA1 的动作电流：

取 $I_{Lmax}=1.5\,I_{30}=1.5\times30\text{ A}=45\text{ A}$，$K_{rel}=1.3$，$K_{re}=0.8$，$K_i=100/5=20$，所以：

$$I_{OP2}=\frac{K_{rel}K_W}{K_{re}K_i}I_{Lmax}=\frac{1.3\times1}{0.8\times20}\times45\text{ A}=3.66\text{ A}$$

根据 GL－15/5 型继电器规格，动作电流整定为 3.5 A。10 倍电流动作时间整定为 1 s。

先确定 KA1 的实际动作时间。由于 $k-1$ 点发生三相短路时 KA1 中的电流为：

$$I'_{k-1(1)}=\frac{K_{W(1)}}{K_{i(1)}}I_{k-1}=\frac{1}{20}\times180\text{ A}=9\text{ A}$$

所以 $I'_{k-1(1)}$ 对 KA1 的动作电流倍数为：

$$n_1=\frac{I'_{k-1(1)}}{I_{OP(1)}}=\frac{9}{3.5}=2.57$$

根据 $n_1=2.57$ 和 KA1 整定的 10 倍动作时间 1 s，查 GL－15 型继电器的动作特性曲线，得 KA1 的实际动作时间 $t'_1\approx2.3\text{ s}$。

由此可得 KA2 的实际动作时间为：

$$t'_2=t'_1-\Delta t=2.3\text{ s}-0.7\text{ s}=1.6\text{ s}$$

现确定 KA2 的 10 倍动作电流的动作时间，由于 $k-1$ 点发生三相短路时 KA2 中的电流为：

$$I'_{k-1(2)}=\frac{K_{W(2)}}{K_{i(2)}}I_{k-1}=\frac{1}{15}\times180\text{ A}=12\text{ A}$$

所以 $I'_{k-1(2)}$ 对 KA2 的动作电流倍数为：

$$n_2=\frac{I'_{k-1(2)}}{I_{OP(2)}}=\frac{12}{2.5}=4.8$$

根据 $n_2=4.8$ 和 KA2 的实际动作时间 $t'_2=1.6\text{ s}$，查 GL－15 型继电器的动作特性曲线，得 KA2 的 10 倍电流动作时间 $t_2\approx1.4\text{ s}$。

3. 保护灵敏度校验

KA2 保护的线路 WL2 末端 $k-2$ 点的两相短路电流为其保护区内的最小短路电流，即：

$$I^{(2)}_{kmin}=\frac{\sqrt{3}}{2}I^{(3)}_{k-2}=0.866\times70=60.6\text{ A}$$

因此 KA2 的保护灵敏度为：

$$S_{p2}=\frac{K_w I_{kmin}^{(2)}}{K_i I_{OP(2)}}=\frac{1\times 60.6}{15\times 2.5}=1.62>1.5$$

4. 速断电流倍数整定计算

$$I_{qb}=\frac{K_{rel}K_W}{K_i}I_{kmax}=\frac{1.4\times 1}{15}\times 70\ \text{A}=6.5\ \text{A}$$

而 KA2 的动作电流为 2.5 A，故速断电流倍数应整定为：

$$n_{qb}=\frac{I_{qb}}{I_{OP}}=\frac{6.5\ \text{A}}{2.5\ \text{A}}=2.6$$

根据 GL－15/5 型继电器规格，速断电流倍数应整定为 2 倍。

5. 速断保护灵敏度校验

KA2 的速断保护灵敏度为：由于实际整定的速断电流为 $I'_{qb}=n_{qb}\times I_{op}=2\times 2.5\ \text{A}=5\ \text{A}$ 。

$$S_p=\frac{K_W I_{k-1}^{(2)}}{K_i I'_{qb}}=\frac{1\times 156}{15\times 5}=2.08>2$$

因此，电流速断倍数满足保护灵敏度的要求。

**三、低电压闭锁过电流保护**

1. KA2 动作电流整定

$I_{30}=15$ A，取 $K_{rel}=1.2$，$K_{re}=0.85$，$K_i=75/5=15$，所以：

$$I_{OP2}=\frac{K_{rel}K_W}{K_{re}K_i}I_{30}=\frac{1.2\times 1}{0.85\times 15}\times 15\ \text{A}=1.4\ \text{A}$$

2. 保护灵敏度校验

KA2 保护的线路 WL2 末端 $k-2$ 点的两相短路电流为其保护区内的最小短路电流，即：

$$I_{kmin}^{(2)}=\frac{\sqrt{3}}{2}I_{k-2}^{(3)}=0.866\times 70=60.6\ \text{A}$$

因此 KA2 的保护灵敏度为：

$$S_{p2}=\frac{K_W I_{kmin}^{(2)}}{K_i I_{OP(2)}}=\frac{1\times 60.6}{15\times 1.4}=2.9>1.5$$

故过电流保护满足灵敏度要求。

3. 低电压继电器动作电压整定

线路额定电压 $U_N=10$ kV，电压互感器变比 $K_u=100$

$$U_{OP}=\frac{U_{min}}{K_{rel}K_{re}K_u}\approx 0.6\frac{U_N}{K_u}=60\ \text{V}$$

# 供配电系统的二次回路与自动装置

## 5.1 断路器控制及二次回路简介

### 5.1.1 高压断路控制回路的要求

断路器控制回路是指控制（操作）高压断路器跳、合闸的回路，直接控制对象为断路器操动（作）机构。操动机构主要有手动操作、电磁操动机构（CD）、弹簧操动机构（CT）、液压操动机构（CY）等。根据操动机构不同，控制回路也有一些差别，但接线基本相似。断路器控制回路的基本要求如下。

（1）能手动和自动合闸与跳闸。

（2）能监视控制回路操作电源及跳、合闸回路完好性；应对二次回路短路或过负荷进行保护。

（3）断路器操作机构中的合、跳闸线圈是按短时通电设计的，在合闸或跳闸完成后，应能自动解除命令脉冲，切断合闸或跳闸电源。

（4）应具有防止断路器多次合、跳闸的“防跳”措施。

（5）应具有反映断路器状态的位置信号和手动或自动合、跳闸的显示信号，断路器的事故跳闸回路，应按“不对应原理”接线。

（6）对于采用气压、液压和弹簧操动机构的断路器，应有压力是否正常、弹簧是否拉紧到位的监视和闭锁回路。

### 5.1.2 电磁操动机构的断路器控制回路

1. 控制开关

控制开关是断路器控制和信号回路的主要控制元件，由运行人员操作使断路器合、跳闸，在工厂变电所中常用的是 LW2 型系列自动复位控制开关。

（1）LW2 型控制开关的外形结构如图 5－1 所示。

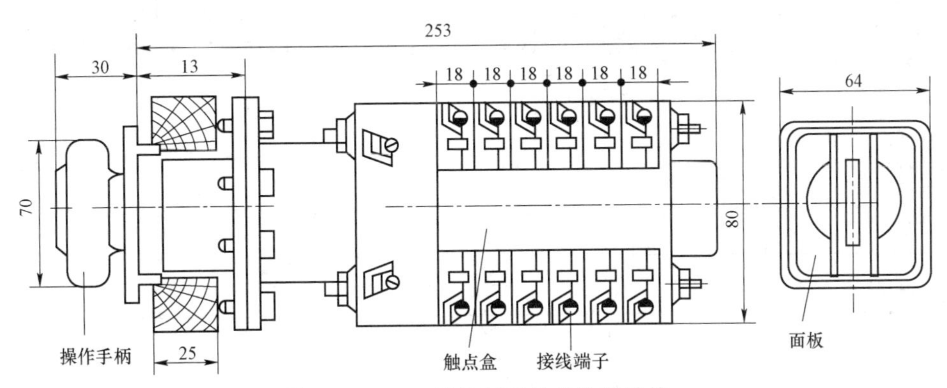


图 5－1　LW2 型控制开关的外形结构

控制开关的手柄和安装面板安装在控制屏前面，与手柄固定连接的转轴上有数节（层）触点盒，安装于屏后。触点盒的节数（每节内部触点形式不同）和形式可以根据控制回路的要求进行组合。每个触点盒内有四个定触点和一个旋转式动触点，定触点分布在盒的四角，盒外有供接线用的四个引出线端子，动触点处于盒的中心。动触点的形式有两种基本类型，一种是触点片固定在轴上，随轴一起转动，如图 5－2（a）所示，另一种是触点片与轴有一定角度的自由行程，如图 5－2（b）所示，当手柄转动角度在其自由行程内时，可保持在原来位置上不动，自由行程有 45°、90°、135° 三种。

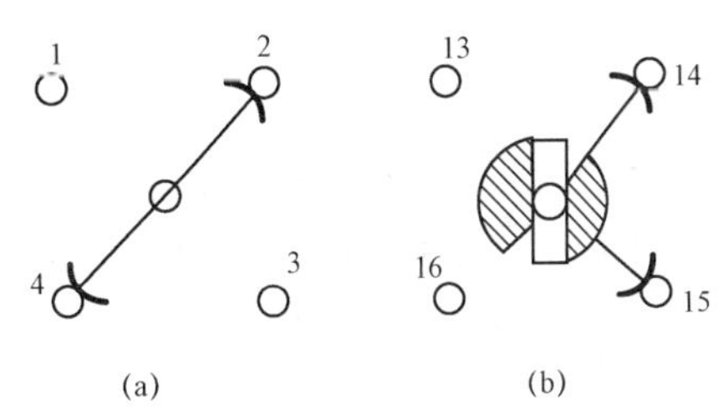


图 5－2　固定与自由行程触头示意图

（a）固定触头；（b）有自由行程触头

（2）LW2 型控制开关触点图表如表 5－1 所示，给出了 LW2－Z－la、4、6a、40、20/F8 型控制开关的触点图表。

**表 5－1　LW2－Z－la、4、6a、40、20/F8 型控制开关的触点表**

| 手柄和触点盒形式 | F8 | la | | 4 | | 6a | | | 40 | | | 20 | | |
|---|---|---|---|---|---|---|---|---|---|---|---|---|---|---|
| 触点号 | | 1－3 | 2－4 | 5－8 | 6－7 | 9－10 | 9－12 | 10－11 | 13－14 | 14－15 | 13－16 | 17－19 | 17－18 | 18－20 |
| 位置 跳闸后（TD） | ← | — | • | — | — | — | — | • | — | • | — | — | — | • |
| 位置 预备合闸（PC） | ↑ | • | — | — | — | • | — | — | • | — | — | — | • | — |
| 位置 合闸（C） | ↗ | — | — | • | — | — | • | — | — | — | • | • | — | — |

续表

| 手柄和触点盒形式 | | F8 | la | | 4 | | 6a | | | 40 | | | 20 | | |
|---|---|---|---|---|---|---|---|---|---|---|---|---|---|---|---|
| 触点号 | | | 1-3 | 2-4 | 5-8 | 6-7 | 9-10 | 9-12 | 10-11 | 13-14 | 14-15 | 13-16 | 17-19 | 17-18 | 18-20 |
| 位置 | 合闸后（CD） | ↑ | • | — | — | — | • | — | — | — | — | • | • | — | — |
| | 预备跳闸（PT） | ← | — | • | — | — | — | — | • | • | — | — | — | • | — |
| | 跳闸（T） | ↘ | — | — | — | • | — | — | • | — | • | — | — | — | • |

注：“•”表示接通，“—”表示断开。

控制开关有六个位置，其中“跳闸后”和“合闸后”为固定位置，其他为操作时的过渡位置。有时用字母表示 6 种位置，“C”表示合闸，“T”表示跳闸，“P”表示“预备”，“D”表示“后”。

2. 电磁操动机构的断路器控制及信号回路

图 5-3 为电磁操动机构的断路器控制及信号回路。

（1）断路器的手动操作过程。

① 合闸过程。设断路器处于跳闸状态，此时控制开关 SA 处于“跳闸后”（TD）位置，其触点⑩-⑪通，QF1 通，绿灯 HG 亮，表明断路器是断开状态，在此通路中，因电阻 1*R* 存在，合闸接触线圈 KM 不足以使其触点闭合。

将控制开关 SA 顺时针旋转 90°，此位置是“预备合闸”（PC）位置，触点⑨-⑩通，将信号灯接闪光母线 (+)WF 上，绿灯 HG 闪光，表明控制开关的位置与“合闸后”位置相同，但断路器仍处于跳闸后状态，这是利用“不对应原理”接线，同时提醒运行人员核对操作对象是否有误，如无误后，再将 SA 置于“合闸”（C）位置（继续顺时针旋转 45°）。在此位置上，触点⑤-⑧通，使合闸接触器 KM 接通于+WC 和-WC 之间，KM 动作，其触点 KM1 和 KM2 闭合，合闸线圈 YO 通电，断路器合闸。断路器合闸后，QF1 断开使绿灯 HG 熄灭，QF2 闭合，由于触点⑬-⑭通，所以红灯闪光。当松开 SA 后，在弹簧作用下，自动回到“合闸后”位置，触点⑬-⑯通，使红灯 HR 发出平光，表明断路器已合闸，同时触点⑨-⑩通，为故障跳闸做好使绿灯 HG 闪光准备（此时 QF1 断开）。

② 跳闸过程。将控制开关 SA 逆时针旋转 90° 置于“预备跳闸”（PT）位置，触点⑬-⑯断开，而触点⑬-⑭接通闪光母线，使红灯 HR 发出闪光，表明 SA 的位置与跳闸后的位置相同，但断路器仍处于合闸状态。将 SA 继续旋转 45° 而置于“跳闸”（T）位置，触点⑥-⑦通，使跳闸线圈 YR 接通，此回路中的（KTL 线圈为电流线圈）YR 通电跳闸，QF1 合上，QF2 断开，红灯熄灭。当松开 SA 后，SA 自动回到“跳闸后”位置，触点⑩-⑪通，绿灯 HG 发出平光，表明断路器已经跳开。

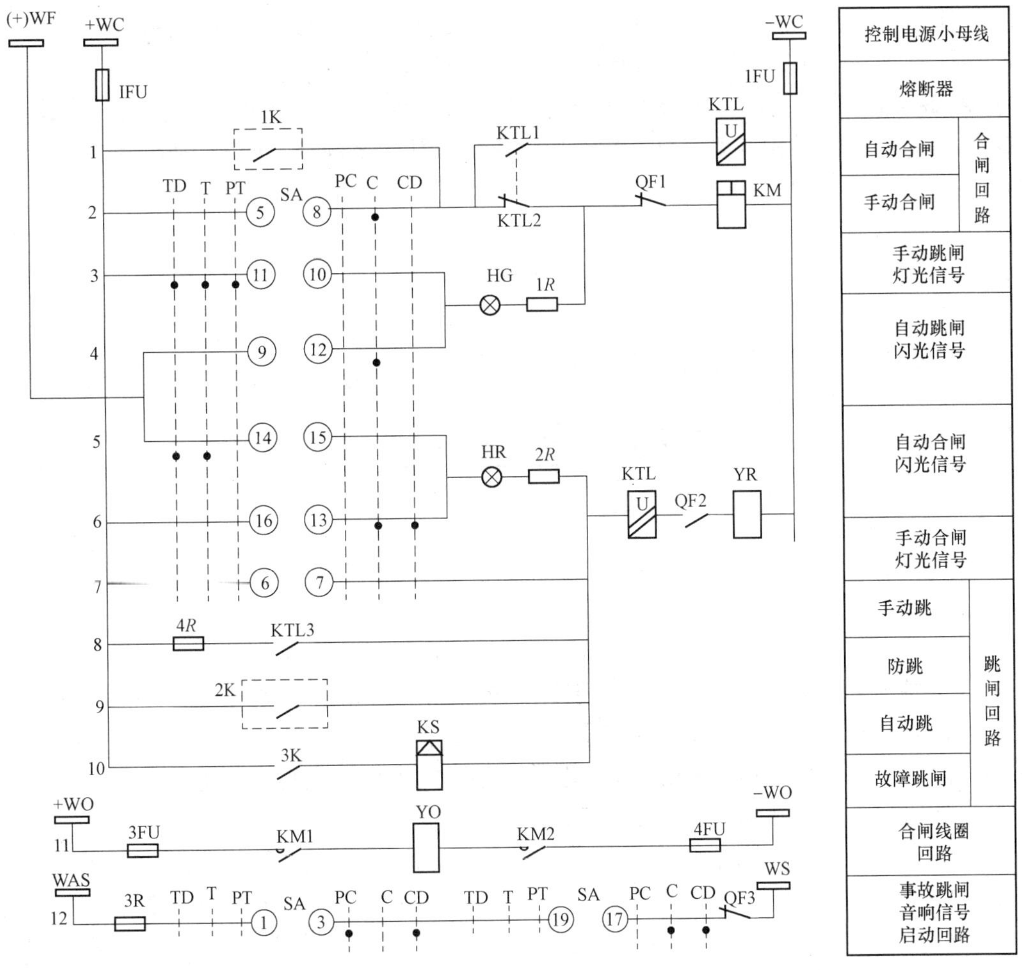


图 5-3　电磁操动机构的断路器控制及信号回路

WC—控制小母线；WF—闪光信号小母线；WO—合闸小母线；WAS—事故音响小母线；
KTL—防跳继电器；HG—绿色信号灯；HR—红色信号灯；KS—信号继电器；
KM—合闸接触器；YO—合闸线圈；YR—跳闸线圈；SA—控制开关

（2）断路器的自动控制。

断路器的自动控制通过自动装置的继电器触点，如图 5-3 中 1K 和 2K（分别与触点⑤-⑧和⑥-⑦并联）的闭合分别实现合、跳闸控制。自动控制完成后，灯信号 HR 或 HG 将出现闪光，表示断路器自动合闸或跳闸，运行人员将 SA 放在相应的位置上即可。

当断路器因故障跳闸时，保护出口继电器 3K 闭合，SA 的⑥-⑦触点被短接，YR 通电，断路器跳闸，HG 发出闪光。与 3K 串联的 KS 为信号继电器电流型线圈，电阻很小。KS 通电后将发出信号，表明断路器因故障跳闸。同时由于 QF3 闭合（12 支路）而 SA 是置“合闸后”（CD）位置，触点①-③、⑰-⑲通，事故音响小母线 WAS 与信号回路中负电源接通（成为负电源）发出事故音响信号，如电笛或蜂鸣器发出声响。

（3）断路器的“防跳”。

如果没有 KTL 防跳继电器，在合闸后，若控制开关 SA 的触点⑤-⑧或自动装置触点

1K 被卡死，而此时遇到一次系统永久性故障，继电保护使断路器跳闸，QF1 闭合，合闸回路又被接通，出现多次“跳闸—合闸”现象，如果断路器发生多次跳跃现象，会使其毁坏，造成事故扩大，所以在控制回路中增设了防跳继电器 KTL。

防跳继电器 KTL 有两个线圈，一个是电流启动线圈，串联于跳闸回路，另一个是电压自保持线圈，经自身的常开触点并联于合闸回路中，其常闭触点则串入合闸回路中。当用控制开关 SA 合闸（触点⑤－⑧通）或自动装置触点 1K 合闸时，如合在短路故障上，防跳继电器 KTL 的电流线圈启动，KTL1 常开触点闭合（自锁），KTL2 常闭触点打开，其 KTL 电压线圈也动作，自保持。断路器跳开后，QF1 闭合，即使触点⑤－⑧或 1K 卡死，因 KTL2 常闭已断开，所以断路器不会合闸。当触点⑤－⑧或 1K 断开后，防跳继电器 KTL 电压线圈释放，常闭触点才闭合。这样就防止了跳跃现象。

## 5.2 自动重合闸

电力系统的运行经验证明：架空线路上的故障大多数是瞬时性短路，如雷电放电、潮湿闪络、鸟类或树枝的跨接等。这些故障虽然会引起断路器跳闸，但短路故障后，如雷闪过后、鸟或树枝烧毁后，故障点的绝缘一般能自行恢复。此时若断路器再合闸，便可立即恢复供电，从而提高了供电的可靠性。自动重合闸装置（ARD）就是利用这一特点，运行资料表明重合闸成功率在 60%～90%。自动重合闸装置主要用于架空线路，在电缆线路（电缆为架空线混合的线路除外）中一般不用 ARD，因为电缆线路中的大部分跳闸是电缆、电缆头或中间接头绝缘破坏所致，这些故障一般不是短暂的。

自动重合闸装置按其不同特性有不同的分类方法。按动作方法可分为机械式和电气式，机械式 ARD 适用于弹簧操动机构的断路器，电气式 ARD 适用于电磁操动机构的断路器；按重合次数来分可分为一次重合闸、二次重合闸或三次重合闸，工厂变电所一般采用一次重合闸。

1. 对自动重合闸的要求

（1）手动或遥控操作断开断路器及手动合闸于故障而线路保护动作，断路器跳闸后，自动重合闸不应动作。

（2）除上述情况外，当断路器因继电保护动作或其他原因而跳闸时，自动重合闸装置均应动作。

（3）自动重合次数应符合预先规定，即使 ARD 装置中任一元件发生故障或接点黏接时，也应保证不多次重合。

（4）应优先采用由控制开关位置与断路器位置不对应的原则来启动重合闸。同时也允许由保护装置来启动，但此时必须采取措施来保证自动重合闸能可靠动作。

（5）自动重合闸在完成动作以后，一般应能自动复归，准备好下一次再动作。有值班人员的 10kV 以下线路也可采用手动复归。

（6）自动重合闸应有可能在重合闸以前或重合闸以后加速继电器保护的动作。

2. 电气一次自动重合闸装置

图 5－4 为自动重合闸原理接线图，重合闸继电器采用 DH－2 型，1SA 为断路器控制开关，图中所画为合闸后的位置，2SA 为自动重合闸装置选择开关，用于投入和解除 ARD。

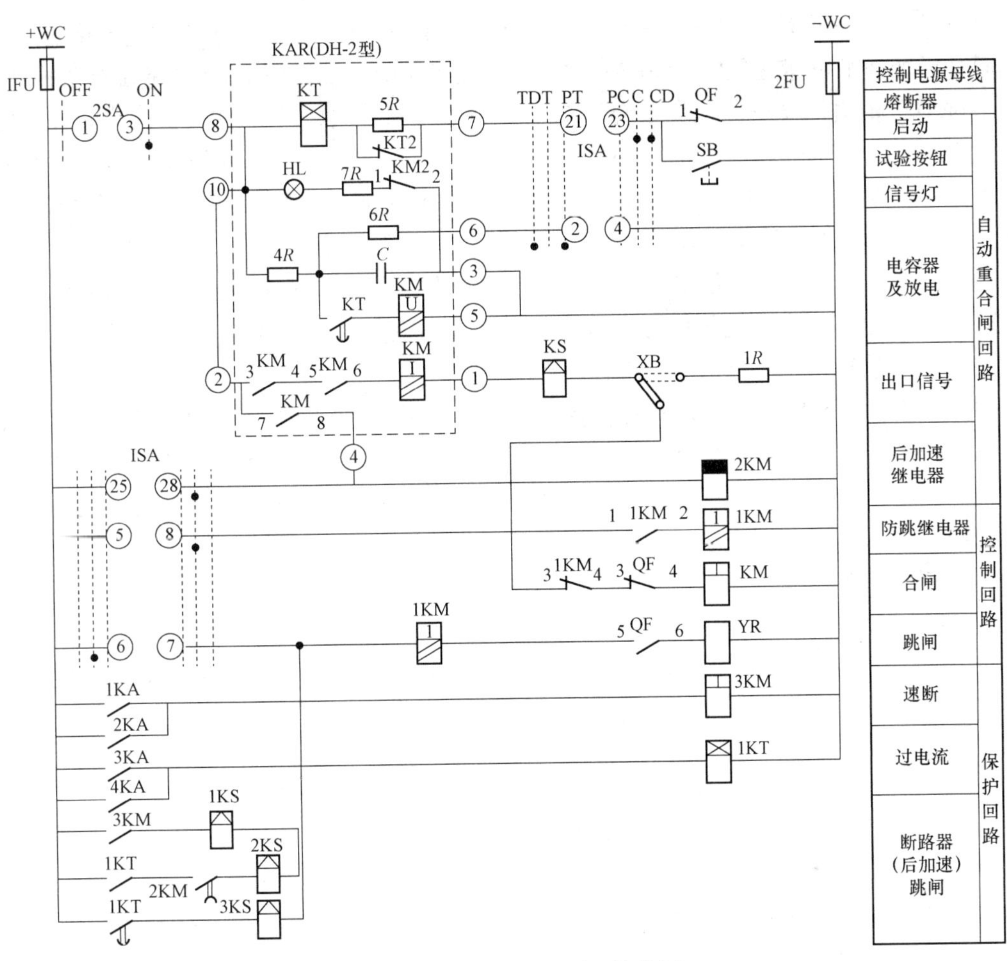


图 5－4　自动重合闸原理接线图

2SA—选择开关；1SA—断路器控制开关；KAR—重合闸继电器；KM—合闸继电器；
YR—跳闸线圈；QF—断路器辅助触点；1KM—防跳继电器（DZB—115 型中间继电器）；
2KM—后加速继电器（D6145 型中间继电器）；KS—DX—11 型信号继电器

（1）故障跳闸后的自动重合闸过程。

线路正常运行时，1SA 和 2SA 是在合上的位置，图 5－4 中除触点①－③、㉑－㉓接通之外，其余触点均是不接通的，ARD 投入工作，QF（1－2）是断开的。重合闸继电器 KAR 中电容器 $C$ 经 4$R$ 充电，其通电回路是＋WC→2SA→4$R$→$C$→－WC，同时指示灯 HL 亮，表示母线电压正常，电容器已在充电状态。

当线路发生故障时，由继电保护（速断或过电流）动作，使跳闸回路通电跳闸，1KM 电流线圈启动，1KM（1－2）闭合，但因⑤－⑧不通，1KM 的电压线圈不能自保持，跳闸后，1KM 电流电压线圈断电，QF（1－2）闭合。

由于 QF（1－2）闭合，KAR 中的 KT 通电动作，KT（1－2）打开，使 5$R$ 串入 KT 回路，以限制 KT 线圈中的电流，仍使 KT 保持动作状态，KT（3－4）经延时后闭合，电容器

$C$ 对 KM（I）线圈放电，使 KM 动作，KM（1－2）打开使 HL 熄灭，表示 KAR 动作。KM（3－4）、KM（5－6）、KM（7－8）闭合，合闸接触器 KM 经＋WC→2SA→KM（3－4）、KM（5－6）→KM 电流线圈→KS→XB→1KM（3－4）→QF（3－4）接通，使断路器重新合闸。同时后加速继电器 2KM 也因 KM（7－8）闭合而启动，2KM 闭合。若故障为瞬时性的，此时故障应已消失，继电器保护不会再动作，则重合闸合闸成功。QF（1－2）断开，KAR 内继电器均返回，但后加速继电器 2KM 触点延时打开，若故障为永久性的，则继电保护动作（速断或至少过电流动作），1KT 常开闭合，经 1KT 的延时打开触点，跳闸回路接通跳闸，QF（1－2）闭合，KT 重新动作。

由于电容器还来不及充足电，KM 不能动作，即使时间很长，因电容器 $C$ 与 KM 线圈已经并联，电容 $C$ 将不会充电至电源电压。所以，自动重合闸只重合一次。

（2）手动跳闸时，重合闸不应重合。

因为人为操作断路器跳闸是运行的需要，无须重合闸，利用 1SA 的 21－23 和 2－4 来实现。操作控制开关跳闸时，在“预备跳”和“跳闸后”2－4 接通，使电容器与 $6R$ 并联，充电不到电源电压而不能重合闸。此外在跳闸操作的过程中，1SA 的 21－23 均不通，相当于把 ARD 解除。

（3）防跳功能。

当 ARD 重合于永久性故障时，断路器将再一次跳闸，若 KAR 中 KM 的触点被粘住时，1KM 的电流线圈因跳闸而被启动，1KM（1－2）闭合并能自锁，1KM 电压线圈通电保持，1KM（3－4）断开，切断合闸回路，防止跳跃现象。

## 5.3 备　　用

在对供电可靠性要求较高的工厂变配电所中，通常采用两路及以上的电源进线。它们或互为备用，或一为主电源，另一为备用电源。当主电源线路发生故障而断电时，需要把备用电源自动投入运行以确保供电可靠，通常采用备用电源自动投入装置（简称 APD）。

### 1. 对备用电源自动投入装置的要求

备用电源自动投入装置应满足以下要求：

（1）工作电源不论何种原因消失（故障或误操作）时，APD 应动作。

（2）应保证在工作电源断开后，备用电源电压正常时，才投入备用电源。

（3）备用电源自动投入装置只允许动作一次。

（4）电压互感器二次回路断线时，APD 不应误动作。

（5）采用 APD 的情况下，应检验备用电源过负荷情况和电动机自启动情况。如过负荷严重或不能保证电动机自启动，应在 APD 动作前自动减负荷。

### 2. 备用电源自动投入装置

由于变电所电源进线及主结线的不同，对所采用的 APD 要求和接线也有所不同。如 APD 有采用直流操作电源的，也有采用交流操作电源的。电源进线运行方式有主（用）电源（工作电源）和备用电源方式，也有互为备用电源方式。

（1）主电源与备用电源方式的 APD 接线。

图 5－5 为采用直流操作电源的备用电源自动投入装置原理接线图。

当主（工作）电源进线因故障断电时，失压保护动作，使 1QF 跳闸，其辅助常闭触点 1QF（1－2）闭合，由于 KT 触点延时打开，故在其打开前，合闸接触器 KM 得电，2QF 的合闸线圈通电合闸，2QF 两侧面的隔离开关预先合，备用电源被投入。应当注意，这个接线比较简单，有些未画，如母线 WB 短路引起 1QF 跳闸，也会引起备用电源自投入，这是不允许的。所以只有电源进线上方发生故障，而 1QF 以下部分没有发生故障时，才能投入备用电源，只要是 1QF 以下线路发生故障，引起 1QF 跳闸时，应加入备用电源闭锁装置，禁止 APD 投入。

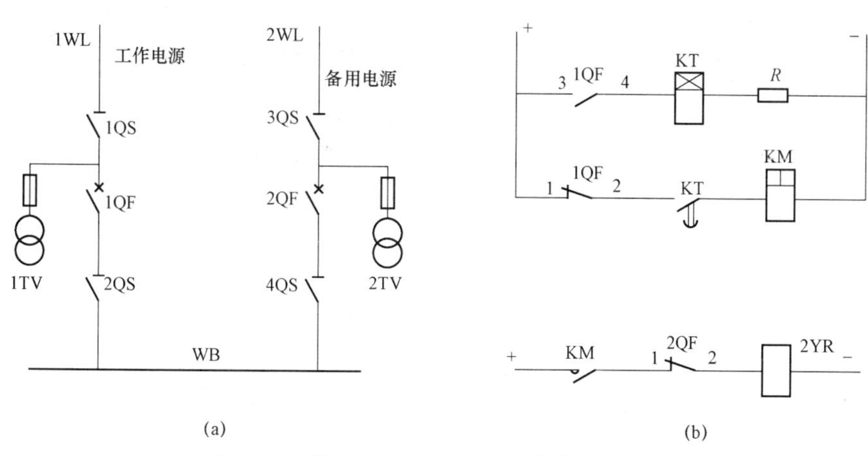


图 5－5　备用电源自动投入装置原理接线图

（a）对应的主接线图；（b）备用电源自动投入装置接线图

（2）双电源互为备用的 APD 接线。

当双电源进线互为备用时，要求任一主（工作）电源消失时，另一路备用电源的自动投入装置动作，双电源进线的两个 APD 接线是相似的。如图 5－6 所示，该图的断路器采用交流操作的 CT7 型弹簧操动机构，其主电路一次接线见图 5－6（a）所示。

当 1WL 工作时，2WL 为备用。1QF 在合闸位置，1SA 的⑤－⑧、⑥－⑦不通，⑯－⑬通。1QF 的辅助触点中常闭打开，常开闭合。2QF 在跳闸位置，2SA 的⑤－⑧、⑥－⑦、⑬－⑯均断开。当 1WL 电源侧因故障而断电时，电压继电器 1KV、2KV 常闭触点闭合，1KT 动作，其延时闭合触点延时闭合，使 1QF 的跳闸线圈 1YR 通电跳闸。1QF（1－2）闭合，则 2QF 的合闸线圈 2YO 经 1SA（16－13）→1QF（1－2）→4KS→2KM 常闭触点→2QF（7－8）→WC（b）通电，将 2QF 合上，从而使备用电源 2WL 自动投入，变配电所恢复供电。

同样当 2WL 为主电源时，发生上述现象后，1WL 也能自动投入。在合闸电路中，虚框内的触点为对方断路器保护回路的出口继电器触点，用于闭锁 APD，当 1QF 因故障跳闸时，2WL 线路中的 APD 合闸回路便被断开，从而保证变配电所内部故障跳闸时，APD 不被投入。

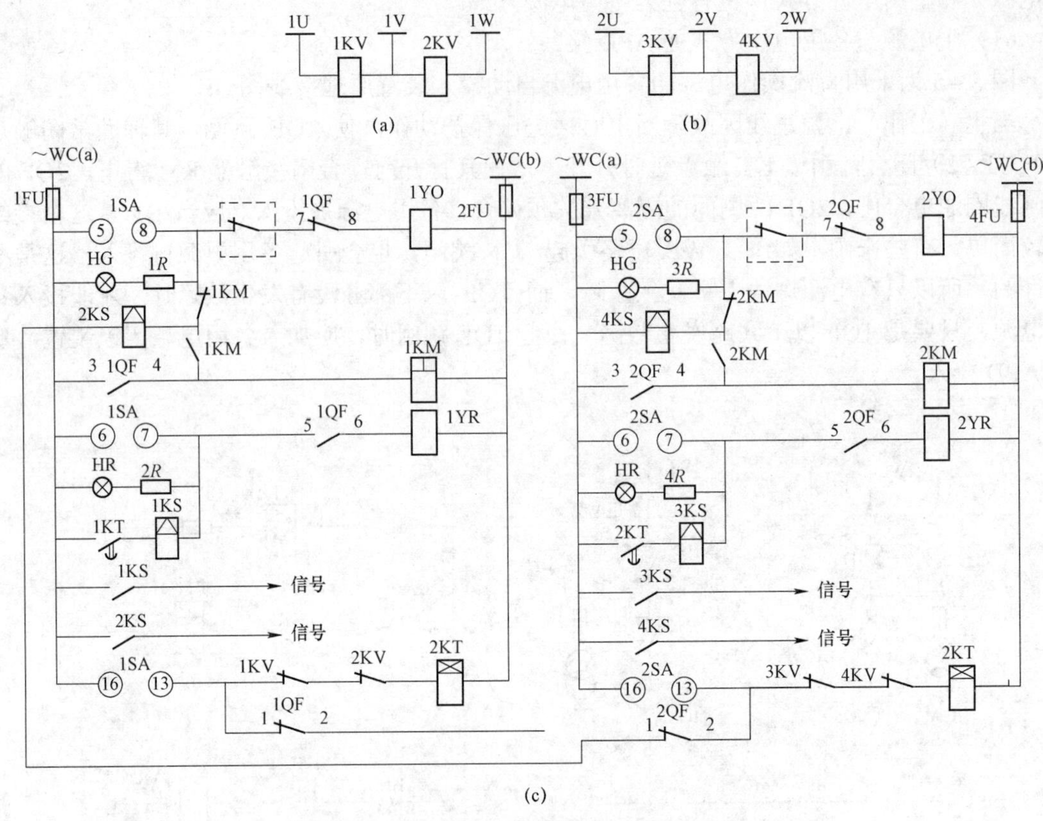


图 5-6　双电源互为备用的 APD 原理接线

（a）一段母线电压回路；（b）二段母线电压回路；（c）APD 控制电路

1KV～4KV—电压继电器；

1U、1V、1W、2U、2V、2W—分别为两路电源电压互感器二次电压母线；

1SA、2SA—控制开关；1YO、2YO—合闸线圈；1KS～4KS—信号继电器；

1KM、2KM—中间继电器；1KT—时间继电器；1QF、2QF—断路器辅助触点

# 5.4　二次回路实训

## 5.4.1　断路器控制及二次回路实训

### 一、实验目的

（1）掌握两种典型的断路器控制回路的工作原理，电路的功能特点。

（2）通过实验掌握常用万能转换开关的使用方法。

### 二、预习与思考

（1）断路器控制电路中的红灯、绿灯分别表示断路器在什么状态？

（2）为什么控制回路能监视回路本身的完整性和操作电源的情况？上述电路中如何实

现断路器在合闸位置时能监视跳闸回路的完整性，断路器在跳闸位置时也能监视合闸回路的完整性？

三、原理与说明

断路器的控制方式可分为远程控制和就地控制。远程控制就是操作人员在主控室或单元控制室内对断路器进行分、合闸控制。就地控制就是在断路器附近对断路器进行分合闸控制。断路器控制回路就是控制（操作）断路器分、合闸的回路。断路器控制回路的直接控制对象为断路器的操动（作）机构。操动机构主要有电磁操动机构（CD）、弹簧操动机构（CT）、液压操动机构（CY）。电磁操动机构只能采用直流操作电源，弹簧操动机构中的弹簧储能操动机构和手力操动机构可交直流两用，但一般采用交流操作电源。

图 5－7 为采用电磁操作机构的断路器控制和信号回路的触点表，图 5－8 为装设跳跃闭锁的断路器控制回路的触点表。

| 触点号 | | | 1－2 | 3－4 | 5－6 | 7－8 | 9－10 | 11－12 |
|---|---|---|---|---|---|---|---|---|
| 位置 | 远控 | ↑ | —— | —— | —— | —— | —— | × |
| | 合闸 | → | × | —— | × | —— | —— | —— |
| | 合闸后 | ↗ | —— | —— | × | —— | × | —— |
| | 分闸 | ← | —— | × | —— | × | —— | —— |
| | 分闸后 | ↖ | —— | × | —— | —— | —— | —— |

图 5－7　LW42A2－31371 控制开关触点表

所谓“跳跃”，是指断路器合闸回路中，控制开关的触点在合闸结束后来不及返回而人为地闭合，或自动装置继电器的触点由于某种原因在动作时被卡住不能复归，此时断路器合闸在有持续故障的线路上，造成断路器多次跳闸－合闸的现象。断路器如果多次“跳跃”，可能导致设备损坏并使事故扩大。因此必须采取“防跳”措施。

本实验提供两种典型的断路器控制回路电路，如图 5－9 和图 5－10 所示。在图 5－10 中，KFJ 称为跳跃闭锁继电器。它有两个线圈：一个线圈是电流启动线圈，串联于跳闸回路中，这个线圈的额定电流应根据跳闸线圈的动作电流来选择，并要求有较高的灵敏度，以保证在跳闸操作时能可靠地启动；另一个线圈为电压自保持线圈，经过自身的常开触点并联于合闸接触器线圈 KO 回路中。另外，在合闸回路中还串接入一个 KFJ 的常闭触点。控制回路的工作原理如下：当利用控制开关 SA 手动合闸或自动装置触点 KM3 进行自动重合闸时，如遇到故障，继电保护装置动作，其触点 KOU 闭合，将跳闸回路接通，使断路器跳闸。同时跳闸电流也流过跳跃闭锁继电器 KFJ 的电流启动线圈，使 KFJ 动作，其常开触点接通 KFJ 的电压线圈常闭触点断开合闸线圈回路。此时，如控制开关 SA 的触点 5－8 或自动装置的触点 KM 因故未断开，则 KFJ 的电压线圈始终带电，与 KO 线圈串联的 KFJ 常闭触点就始终分开，实现闭锁，KO 线圈就始终无电，断路器就不能进行多次合闸。只有当合闸命令解除后（也就是 SA 触点或 KM3 触点断开），TBJ 的电压线圈失电，控制回路才恢复到正常的状态，解除闭锁。

| 手柄和触点盒型式 | | F8 | la | | 4 | | 6a | | | 40 | | | 20 | | |
|---|---|---|---|---|---|---|---|---|---|---|---|---|---|---|---|
| 触点号 | | | 1-3 | 2-4 | 5-8 | 6-7 | 9-10 | 9-12 | 10-11 | 13-14 | 14-15 | 13-16 | 17-19 | 17-18 | 18-20 |
| 位置 | 跳后(TD) | ← | — | × | — | — | — | — | × | | × | — | — | — | × |
| | 预合(PC) | ↑ | × | — | — | — | × | — | — | × | — | — | — | × | — |
| | 合闸（C） | ↗ | — | — | × | — | — | × | — | — | — | × | × | — | — |
| | 合后(CD) | ↑ | × | — | — | — | × | — | — | — | — | × | × | — | — |
| | 预跳(DT) | ← | — | × | — | — | — | — | × | × | — | — | — | × | — |
| | 跳闸(T ) | ↘ | — | — | — | × | — | — | × | — | × | — | — | — | × |

图 5-8 LW2-Z-1a、4、6a、40、20/F8 控制开关触点表

## 四、实验设备

所需实验设备见表 5-2。

**表 5-2 实验设备**

| 序号 | 设备名称 | 使 用 仪 器 名 称 | 数量 |
|---|---|---|---|
| 1 | LGP07 | 中间、闪光继电器组件 | 1 |
| 2 | LGP10 | 中间继电器组件 | 1 |
| 3 | LGP41 | 可调电阻 | 1 |
| 4 | 监控台 | 带灯蜂鸣器，指示灯 | 3 |
| | | 万能转换开关 | 2 |
| | | 三位旋钮 | 1 |

## 五、实验步骤

（1）将供配电实验系统总电源开关断开，将电气控制模拟屏的 QS1、QS2 断开，将监控台的“实验内容选择”转换开关旋到“其他”挡。

（2）依次合上实验系统电源开关、监控台总电源开关，监控台直流电源断开，开始以下实验内容。

① 采用电磁操动机构的断路器控制和信号回路实验。

a. 根据图 5-9 采用电磁操动机构的断路器控制和信号回路实验接线图接线，SA 采用 LW42A2-31371 型转换开关，SA1 模拟保护出口中间继电器触点。

b. 检查上述接线的正确性，确定无误后，合上直流电源进行实验，通过操作观察，深入了解断路器的控制和信号回路的工作原理以及电路各元器件及接点的作用。

c. 断路器的控制操作过程如下：

合闸状态：

断路器处于合闸状态时控制开关 SA 手柄在“合闸后”位置。断路器 QF1 的常开触点闭合，SA 的⑤－⑥触点接通，于是该触点和红灯 RD 及其附加电阻、QF1 的常开触点、跳闸线圈 YR1 形成通路。由于 YR1 的电阻远小于 RD 和附加电阻的电阻，回路中的电压大部分降落在 RD 及其附加电阻上，是红灯 RD 发光。YR1 线圈中虽有电流流过，但电流很小，电磁力不足以将操动机构脱扣，断路器不会跳闸。红灯 RD 发光，一方面指示断路器在合闸位置，另一方面表示跳闸线圈完好。运行中如果红灯熄灭，就表明跳闸线圈回路断线，必须检查修复，否则影响断路器的跳闸。红灯 RD 的附加电阻的作用是防止红灯两端短接，造成断路器误跳闸。

跳闸操作：

断路器进行跳闸操作时，把 SA 手柄转到“跳闸”位置，这时 SA 触点⑦－⑧接通，把红灯 RD 及其附加电阻短接，回路全部电压降在 YR1 上，断路器跳闸。断路器跳闸后，与其联动的常开触点断开，常闭触点闭合，使合闸接触器线圈 KO1、绿灯 GN 及其附加电阻、控制开关 SA 的触点⑤－⑥（在“跳闸”和“跳闸后”位置时都接通）等组成的回路接通。由于 KO1 线圈电阻远小丁 GN 及其附加电阻，所以绿灯 GN 发光，KO1 线圈虽通电而电流很小，不能动作，不会造成断路器合闸。绿灯 GN 发光，一方面指示断路器在跳闸位置，另一方面表明合闸回路完好。当 SA 手柄松开弹到“跳闸后”位置时，触点 7－8 断开。与红灯附加电阻一样，绿灯附加电阻的作用是防止绿灯两端短接，造成断路器误合闸。

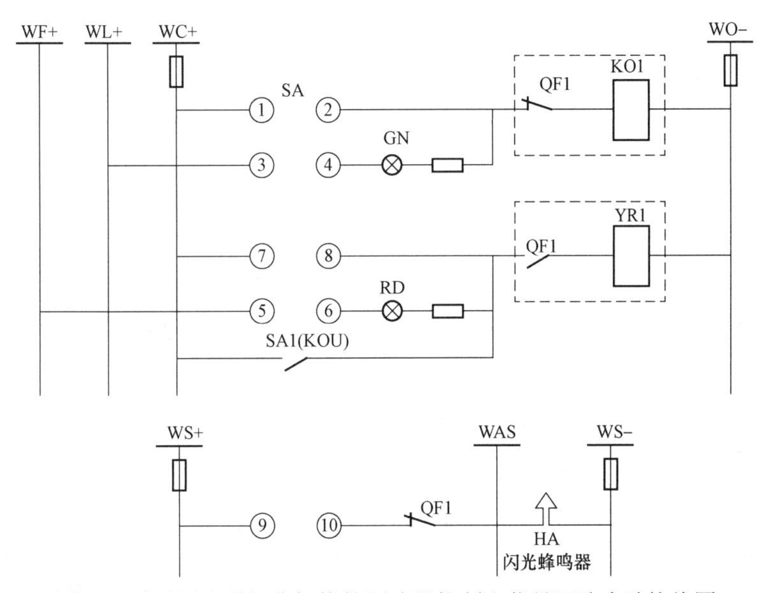


图 5－9　采用电磁操作机构的断路器控制和信号回路实验接线图

② 装设跳跃闭锁的断路器控制回路实验。

a. 根据图 5－10 装设跳跃闭锁的断路器控制回路接线，SA 采用 LW2－Z－1a、4、6a、40、20/F8 控制开关，SA1 模拟保护出口继电器触点，KM1、KM2 采用 DZB－31B 型中间继电器，KFJ 采用 DZB－14B 型中间继电器，KF 采用 DX－9 型闪光继电器。

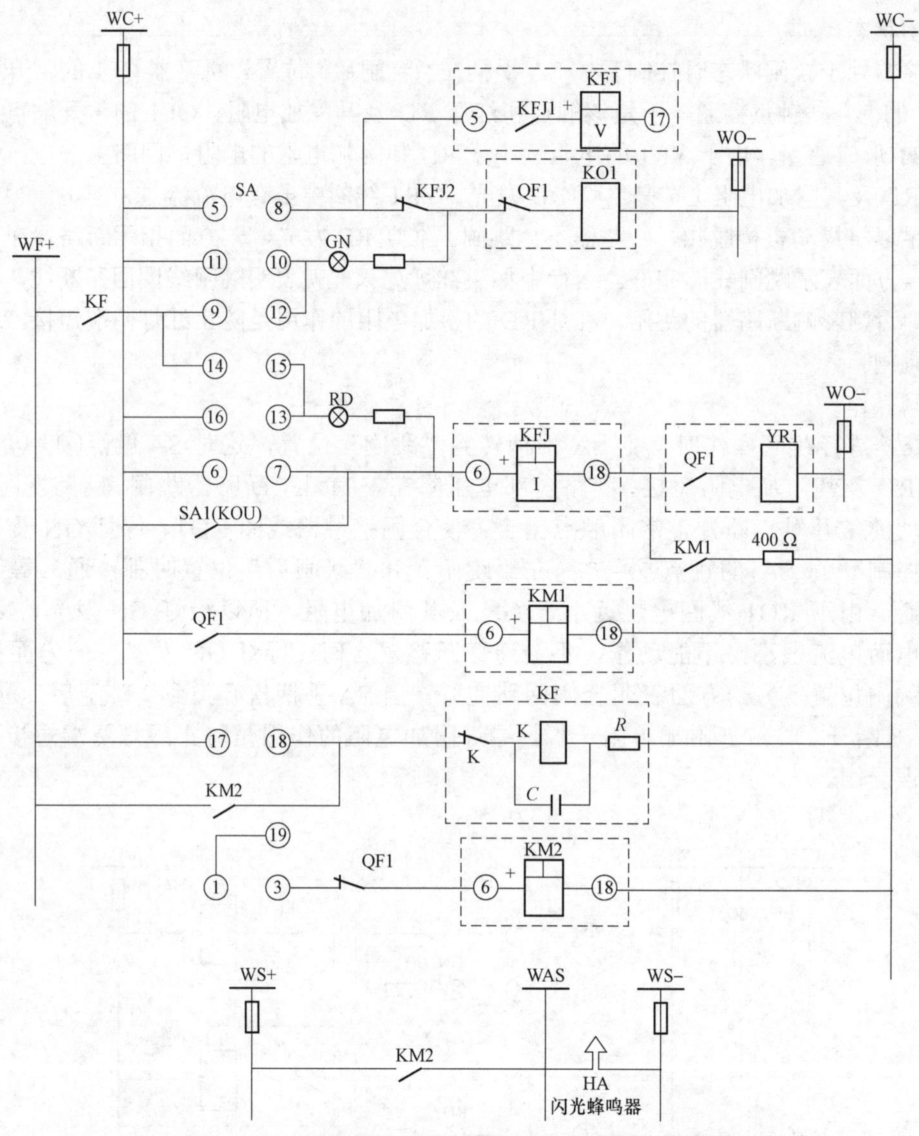


图 5-10　装设跳跃闭锁的断路器控制回路实验接线图

b. 检查上述接线的正确性，确定无误后，合上直流电源进行实验，通过操作观察，深入了解断路器的控制和信号回路的工作原理以及电路各元器件及接点的作用。

c. 断路器的控制操作过程填入表 5-3。

**表 5-3　断路器的控制操作过程**

| 断路器状态 | 工作过程分析 |
| --- | --- |
| 合闸状态 | |
| 跳闸操作 | |
| 合闸操作 | |
| 事故跳闸 | |

**六、实验报告**

总结分析防跳原理和断路器控制操作过程中电路的动作过程及其闪光装置的启动原理，详细说明各个工作状态的实际意义，结合上述思考题写出实验报告和心得体会。

### 5.4.2　供配电系统一次重合闸实训

**一、实验目的**

掌握电气一次重合闸电路原理和要求。

**二、预习与思考**

阅读相关教材，了解自动重合闸装置的应用场合和分类。

**三、原理说明**

电力系统的故障特别是架空线路上的故障大多是暂时性的，这些故障在断路器跳闸后，多数能很快地自行消除。因此如果采用自动重合闸装置（ARD），使断路器自动重新合闸，可以迅速恢复供电，从而大大提高供电可靠性，避免因停电而给国民经济带来巨大损失。

自动重合闸按照重合次数分，有一次重合式、二次重合式和三次重合式。供配电系统中采用的 ARD 一般是一次重合式。本实验中采用的三相一次重合闸装置为供配电系统常用 DH－3 型重合闸装置。下面结合图 5－11 一次重合闸实验接线图说明其工作原理。

手动合闸：将 SA1 旋到合闸位置时触点①－②接通，合闸接触器得电吸合，断路器合闸。同时红色合闸指示灯亮。

手动跳闸：将 SA1 旋到跳闸位置时触点⑦－⑧接通，跳闸线圈得电，断路器跳闸，同时绿色分闸指示灯亮。

自动重合闸：当线路发生短路故障时，保护装置动作，出口继电器 KOU 闭合，接通跳闸线圈回路，使断路器跳闸。断路器跳闸后，其常闭触点闭合，由于 SA1 处于合闸后位置，触点⑨－⑩接通，重合闸继电器 KAR 启动，经短延时接通合闸接触器 KO1 回路，使断路器重新合闸，恢复供电。

**四、实验设备**

所需实验设备如表 5－4 所示。

**表 5－4　实验设备**

| 序号 | 设备名称 | 使 用 仪 器 名 称 | 数量 |
|---|---|---|---|
| 1 | LGP06 | 信号继电器组件 | 1 |
| 2 | LGP10 | 中间继电器组件 | 1 |
| 3 | LGP11 | 重合闸继电器 | 1 |
| 4 | LGP41 | 可调电阻 | 1 |
| 5 | 监控台 | 红、绿指示灯 | 各 1 |
|  |  | 三位旋钮 | 1 |
|  |  | LW42A2－31371 断路器控制开关 | 1 |

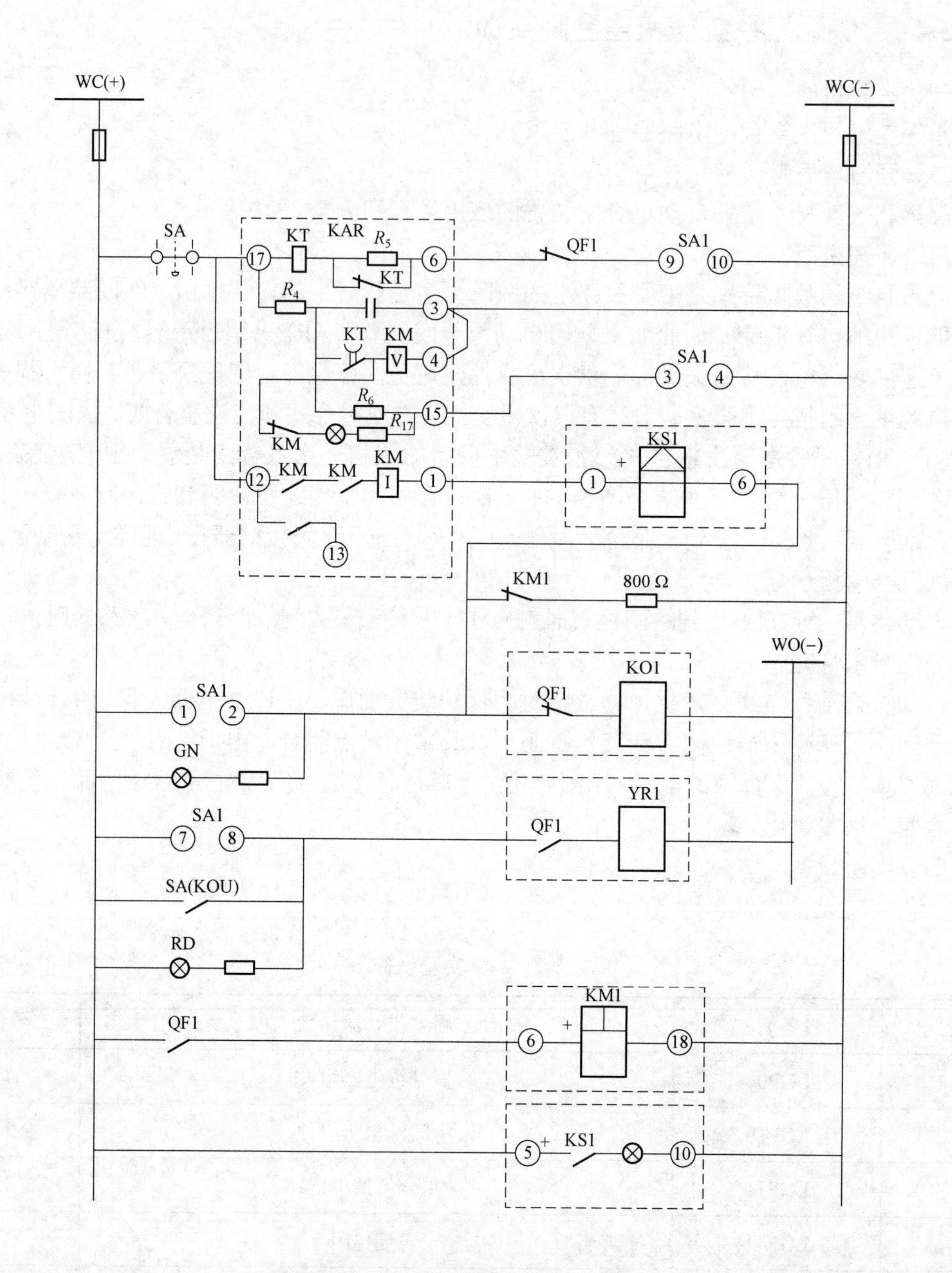


图 5-11　一次重合闸实验接线图

## 五、实验步骤

将供配电实验系统总电源开关断开，将电气控制模拟屏的 QS1、QS2 断开，将监控台的“实验内容选择”转换开关旋到“其他”挡。

依次合上实验系统电源开关、监控台总电源开关，监控台直流电源断开，开始以下实验内容。

（1）按照图 5－11 一次重合闸实验接线图接线，KS1 选用 JX－21A/T，KM1 选用 DZ－31B，KAR 选用 DH－3。

（2）检查上述接线的正确性，确定无误后，合上监控台直流电源开关。

（3）将断路器手动分、合闸，观察电路工作过程，并填入表 5－5。

（4）将 SA 合上，模拟线路保护动作导致事故跳闸，观察电路工作过程，并填入表 5－5。

备注：当重合闸装置面板充电指示灯完全亮了以后，重合闸装置才能够正常工作。

**表 5－5　断路器手动分、合闸，电路工作过程**

| 断路器操作 | 工作过程分析 |
| --- | --- |
| 手动合闸 | |
| 手动分闸 | |
| 自动重合闸 | |

**六、实验报告**

（1）根据实验内容，书面叙述电路在手动分、合闸和自动重合闸时的工作过程和产生的现象。

（2）根据实验现象，解释重合闸装置只能进行一次重合闸的原因。

### 5.4.3　线路过电流保护与自动重合闸综合实训

**一、实验目的**

（1）掌握线路过电流保护与自动重合闸电路的工作原理。

（2）加深对 DH－3 型三相一次重合闸继电器工作原理的理解。

**二、预习与思考**

预习相关教材，了解线路过电流保护与自动重合闸的工作原理。

**三、原理说明**

当供电线路发生短路故障时，过电流保护装置动作，启动保护出口继电器，跳闸线圈得电，断路器跳闸，同时重合闸装置启动，经短延时后接通合闸接触器回路，使断路器合闸。如果故障仍然存在，保护装置再次动作启动跳闸，跳闸后重合闸延时回路虽然接通，但由于重合闸继电器充电时间（一般为 15～25 s）过短，重合闸内部中间继电器因电压不够不能吸合，重合闸回路不能闭合。因此只能实现一次重合闸。

**四、实验设备**

所需实验设备如表 5－6 所示。

表 5-6　实验设备

| 序号 | 设备名称 | 使 用 仪 器 名 称 | 数量 |
| --- | --- | --- | --- |
| 1 | LGP01 | 电流继电器组件（一） | 1 |
| 2 | LGP04 | 时间继电器组件 | 1 |
| 3 | LGP06 | 信号继电器组件 | 1 |
| 4 | LGP10 | 中间继电器组件 | 1 |
| 5 | LGP11 | 重合闸继电器 | 1 |
| 6 | LGP41 | 可调电阻 | 1 |
| 7 | 监控台 | 红、绿指示灯 | 各 1 |
|  |  | 三位旋钮 | 1 |
|  |  | LW42A2-31371 断路器控制开关 | 1 |

## 五、实验步骤

1. 实验准备

（1）将供配电实验系统总电源开关断开，监控台的“实验内容选择”转换开关旋到“线路保护”挡。

（2）依次合上实验系统电源开关、监控台总电源开关，监控台直流电源断开。

（3）依次合上 QS1，QF1，QS3，QS7，QF3。

2. 手动分、合闸试验

（1）按照图 5-12 线路过电流保护与自动重合闸综合实验接线图接线，KA 选用 DL-23C，整定动作电流为 3 A，KT 选用 DS-23C，整定动作时间为 3 s，KS1 选用 DXM-2A，KS2 选用 JX-21A/T，KM1、KOU 选用 DZ-31B，KAR 选用 DH-3。

（2）检查上述接线的正确性，确定无误后，合上监控台直流电源开关。

（3）将断路器 QF3 手动分、合闸，观察电路工作过程。

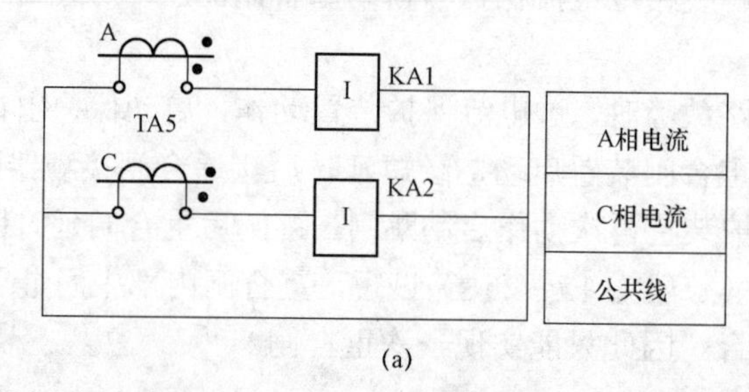


图 5-12　线路过电流保护与自动重合闸综合实验接线图

（a）交流回路

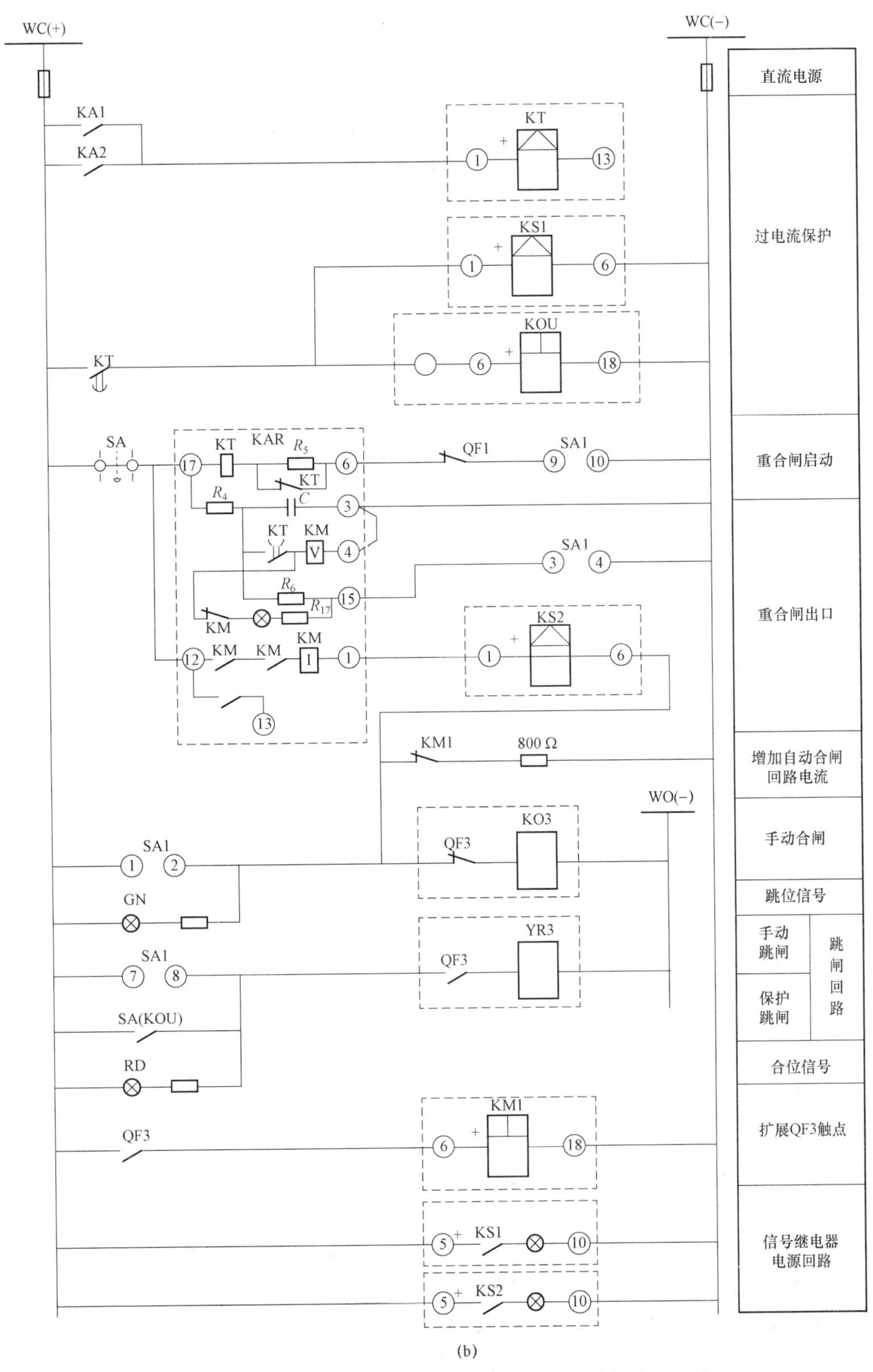


(b)

图 5－12　线路过电流保护与自动重合闸综合实验接线图（续）

（b）控制回路

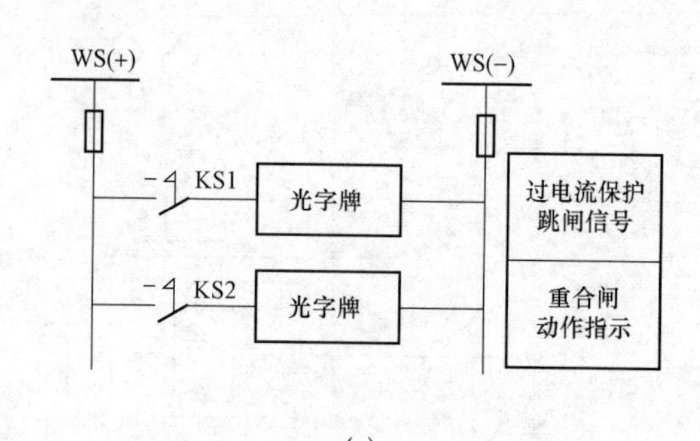


(c)

图 5－12　线路过电流保护与自动重合闸综合实验接线图（续）

（c）信号回路

3. 暂时性故障与自动重合闸实验

将 QF3 合闸，“短路点设置开关”旋到末端，操作短路设置模块，设置 AB 相间短路，在重合闸装置充电完成后（指示灯完全亮），按下短路故障投入按钮 SB，使线路发生短路故障，当出口继电器动作使 QF3 跳闸后，再按下 SB，使短路故障退出运行（相当于系统发生暂时性故障），观察实验现象。

4. 永久性故障与自动重合闸实验

将 QF3 合闸，“短路点设置开关”旋到末端，操作短路设置模块，设置 AB 相间短路，在重合闸装置充电完成后（指示灯完全亮），按下短路故障投入按钮 SB（实验过程中不退出，相当于系统发生永久性故障），观察实验现象。

**六、实验报告**

实验完成后，书面叙述过电流保护与自动重合闸电路在系统发生暂时性故障和永久性故障时的工作过程。

### 5.4.4　明备用实训

**一、实验目的**

（1）熟悉 APD 装置的基本要求。

（2）掌握明备用电路的接线方法和工作原理。

**二、预习与思考**

预习相关教材了解明备用和暗备用装置的不同应用场合以及 APD 装置的基本要求。

**三、原理说明**

备用电源自动投入装置简称 APD 装置，是当工作电源因故障被断开以后，能迅速自动地将备用电源投入工作，使供电不间断的一种装置，分为明备用和暗备用两种。

明备用如图 5－13（a）所示，正常运行时，有工作线路供电。当工作线路因故障或误操作而断开，APD 便启动，将备用线路自动投入。

分段断路器自动投入装置（暗备用）如图 5－13（b）所示，正常运行时，一线带一变，两段母线分列运行，当任何一段母线因进线或变压器故障而使其电压降低时，APD 动作，将故障电源开关跳开，然后合上 QF5 恢复供电。

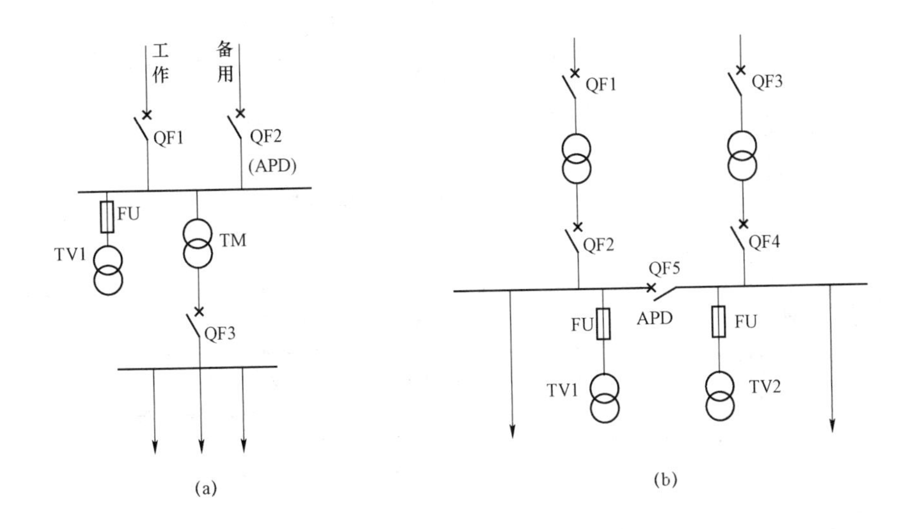


图 5－13　备用电源自动投入的基本方式

（a）明备用；（b）暗备用

1. 备用电源投入装置的基本要求

（1）工作电源不论任何原因失去时，APD 装置均应动作。工作电压失去的原因很多，如工作进线、工作母线、工作变压器、工作出线等发生短路故障而未被其断路器断开，或上级变电所发生故障造成工作电源进线停电，或错误操作断路器使工作电源断电，所有这些情况均应使 APD 装置动作。

（2）只有当工作电源断开后，备用电源才投入，而且备用电源必须有足够高的电压。前者是为了防止备用电源向故障点供给短路电流，并且可避免不符合并列条件的两个电源非同期并列运行，后者是为了保证满足电动机自启动的条件。

（3）必须保证 APD 装置只动作一次，以避免把备用电源投入到永久性故障上，造成高压断路器多次跳合闸，扩大事故。

（4）备用电源投入装置动作时间应尽量短，以利于电动机自启动和缩短停电时间。

（5）当电压互感器任一个熔断器熔断时，APD 装置不应动作。

（6）当备用电源无电压时，APD 装置应退出工作，以避免不必要动作，当供电电压消失或者电力系统发生故障造成工作母线与备用母线同时失压时，APD 装置不动作。

2. 采用 APD 装置的优点

（1）提高供电可靠性和连续性，节省建设投资。

（2）简化继电保护装置，加速保护的动作时间。

（3）限制短路电流、提高母线残余电压。

（4）费用低，运行维护方便。

**四、实验设备**

所需实验设备如表 5－7 所示。

表5-7 实验设备

| 序号 | 设备名称 | 使用仪器名称 | 数量 |
| --- | --- | --- | --- |
| 1 | LGP01 | 电流继电器组件（一） | 1 |
| 2 | LGP03 | 电压继电器组件 | 1 |
| 3 | LGP04 | 时间继电器组件 | 1 |
| 4 | LGP05 | 中间继电器组件（一） | 1 |
| 5 | LGP06 | 信号继电器组件 | 1 |
| 6 | 监控台 | 白色指示灯，三位旋钮 | 1 |
|  |  | LW42A2-31371型断路器控制开关 | 1 |

## 五、实验步骤

（1）将供配电实验系统总电源开关断开，将监控台的“实验内容选择”转换开关旋到空挡。

（2）依次合上实验系统电源开关，监控台电源开关，PLC电源开关，断开监控台直流电源。

（3）在图5-14明备用实验接线图中，设定电源1#进线为工作电源，电源2#进线为备用电源，QS1、QS2、QS3、QS4、QS5、QS7处于合闸状态。KA1选用DL-23C，整定电流为1.5 A，KV1、KV2选用DY-28C，KV1整定为40 V，KV2整定为80 V，KT1选用DS-22C，整定时间为2 s，KS1选用JX-21A/T，KM1选用ZJ5-1A，KLA选用DZS-12B。SA1选用LW42A2-31371型断路器控制开关。

（4）按照图5-14明备用实验接线图接线，在接线确认无误后，依次合上监控台直流电源，以及QS7、QF3、QS10、QF5、QF8、QF9、QF7、QF12，调节三相自耦调压器使1#低压母线线电压为380 V。

（5）上述步骤完成后，将SA旋到投入位置，白色指示灯应该亮，表示APD投入。KA1、KV1吸合表示工作电源正常，KV2吸合表示备用电源电压正常，如果状态不正常，请检查实验接线是否正确。备注：在断路器合闸前，SA必须处于“退出”位置。

（6）备用电源自动投入实验：将QS1断开，模拟工作电源失压，观察APD电路的工作过程，备用电源是否投入。

（7）PT断线无流闭锁检验：根据APD的基本要求可知，工作电源PT断线时，APD不应动作。检验过程：合上QS1，QF1，QF2自动断开，将KV1线圈进线断开，模拟PT断线，观察APD是否动作。

备注：QF1执行手动分闸后，如果再执行手动合闸，必须先将SA旋到“退出”位置。

## 六、实验报告

分析明备用电路的工作过程，并将APD电路各主要元件在不同条件下的状态填入表5-8。

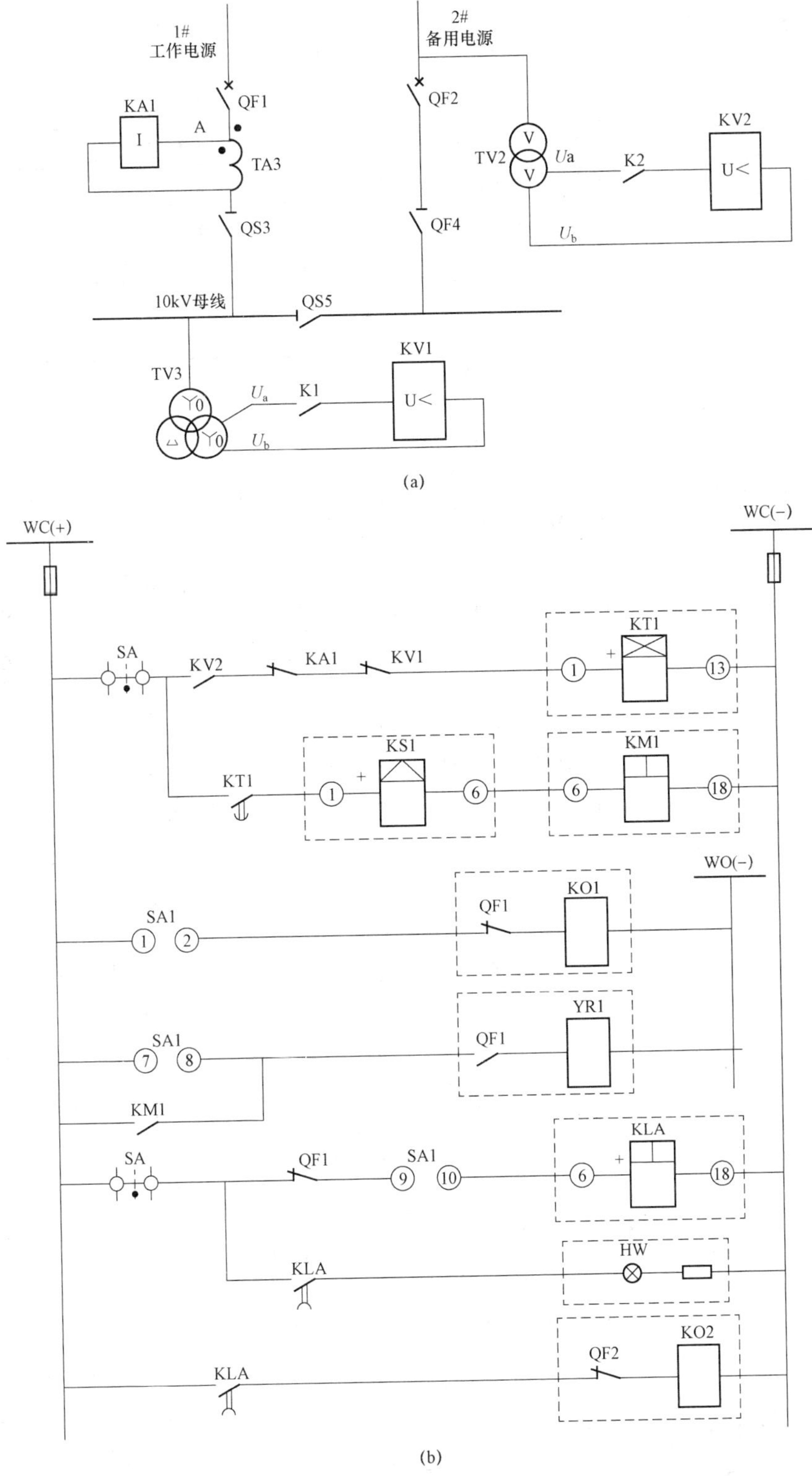


图 5－14　明备用实验接线图

（a）交流回路；（b）控制回路

表 5-8　明备用 APD 电路各主要元件在不同条件下的状态

| 序号 | 代号 | 规格型号 | 实验整定值或额定工作值 | QS1断电 | PT 断线（KV1 失电） | 低压闭锁 | 线圈接法 | 用途 |
|---|---|---|---|---|---|---|---|---|
| 1 | KA1 | | | | | | | |
| 2 | KV1 | | | | | | | |
| 3 | KV2 | | | | | | | |
| 4 | KT1 | | | | | | | |
| 5 | KM1 | | | | | | | |
| 6 | KLA | | | | | | | |

## 5.4.5　暗备用实训

**一、实验目的**

掌握暗备用电路的接线方法和工作原理。

**二、预习与思考**

预习相关教材了解暗备用 APD 电路的组成及工作原理。

**三、原理说明**

在实际应用中，两路电源进线互投，变压器互投，都属于暗备用的应用。在本实验中设定的一次系统如图 5-15 所示，10 kV 变电所由两台主变分别出线 1#、2#低压母线，低压母联断路器为 QF7，正常运行时，QF5、QF6 处于合闸状态，QF7 断开，两端母线分列运行。当任何一段母线因进线或主变故障而使其电压降低时，APD 动作，将故障线路的断路器 QF5 或 QF6 跳开，然后合上 QF7，恢复供电。

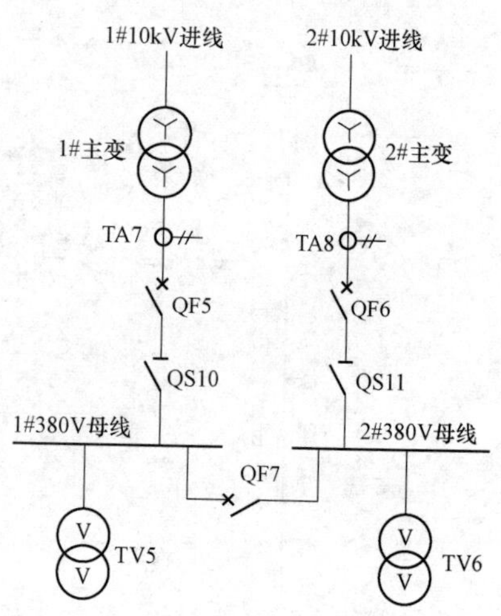

图 5-15　暗备用实验一次系统示意图

**四、实验设备**

所需实验设备如表 5-9 所示。

表 5-9　实验设备

| 序号 | 设备名称 | 使 用 仪 器 名 称 | 数量 |
|---|---|---|---|
| 1 | LGP01 | 电流继电器组件（一） | 1 |
| 2 | LGP03 | 电压继电器组件 | 1 |
| 3 | LGP04 | 时间继电器组件 | 1 |
| 4 | LGP05 | 中间继电器组件（一） | 1 |
| 5 | LGP06 | 信号继电器组件 | 1 |
| 6 | LGP10 | 中间继电器组件（二） | 1 |
| 7 | LGP33 | 开关 | 2 |

续表

| 序号 | 设备名称 | 使 用 仪 器 名 称 | 数量 |
|---|---|---|---|
| 8 | LGP41 | 可调电阻 | 1 |
| 9 | 监控台 | 白色指示灯，三位旋钮 | 各 1 |
| | | 断路器控制开关 | 2 |

## 五、实验步骤

（1）将供配电实验系统总电源开关断开，将监控台的“实验内容选择”转换开关旋到空挡。

（2）依次合上实验系统电源开关、监控台电源开关、PLC 电源开关，断开监控台直流电源。

（3）在图 5－16 暗备用实验接线图中，KA1、KA2 选用 DL－23C，整定电流为 1.5 A，KV1、KV2 选用 DY－28C，KV1、KV2 整定为 80 V，KT1 选用 DS－22C，KT2 选用 DS－23C，两时间继电器整定时间均为 2 s，KS1 选用 JX－21A/T，KS2 选用 DXM－2A，KM1、KM2 选用 DZ－31B，KLA 选用 DZS－12B。SA1 选用 LW42A2－31371 型，SA2 采用 LW2－Z－1a、4、6a、40、20/F8 型断路器控制开关。

（4）按照图 5－16 暗备用实验接线图接线，在接线确认无误后，合上监控台直流电源，使用电压 1#进线给两台主变供电。调节三相自耦调压器使 1#低压母线电压为 380 V。APD 投入控制开关 SA 必须处于“退出”位置。

（5）上述步骤完成后，将 SA 旋到“投入”位置，白色指示灯应该亮，表示 APD 投入。KA1、KV1、KA2、KV2 吸合表示两路工作电源正常，如果不正常，请检查实验接线是否正确。

（6）将 QF3 断开，模拟 1#10 kV 电源失压，观察 APD 电路的工作过程，QF5 是否跳开，分段断路器 QF7 是否投入。

（7）将系统恢复成步骤（4）所述状态，将 QF4 断开，模拟 2#10 kV 电源失压，观察 APD 电路的工作过程，QF6 是否跳开，分段断路器 QF7 是否投入。

（8）PT 断线无流闭锁检验：将系统恢复成步骤（4）所述状态，然后将 KV2 线圈进线断开，模拟 PT 断线，观察 APD 是否动作。

（9）电源低压闭锁检验：将系统恢复成步骤（4）所述状态，然后调节三相自耦调压器降低 1#低压母线电压，直到 KV1 返回，然后断开 QS2，模拟 2#工作电源失压，观察 APD 是否动作。

备注：QF5、QF6 执行手动分闸后，如果再执行手动合闸，必须先将 SA 旋到“退出”位置。

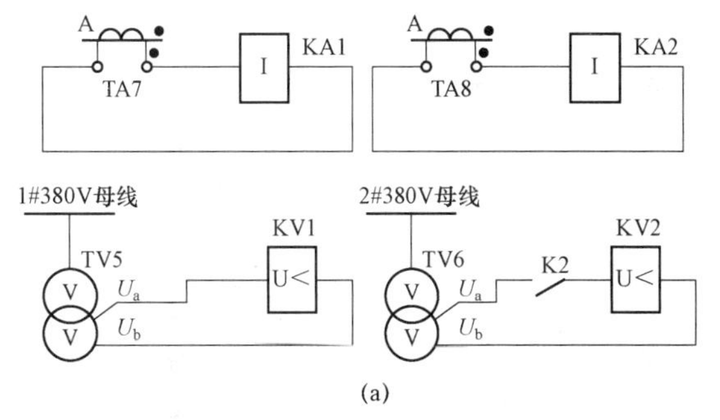


图 5－16　暗备用实验接线图

（a）交流回路

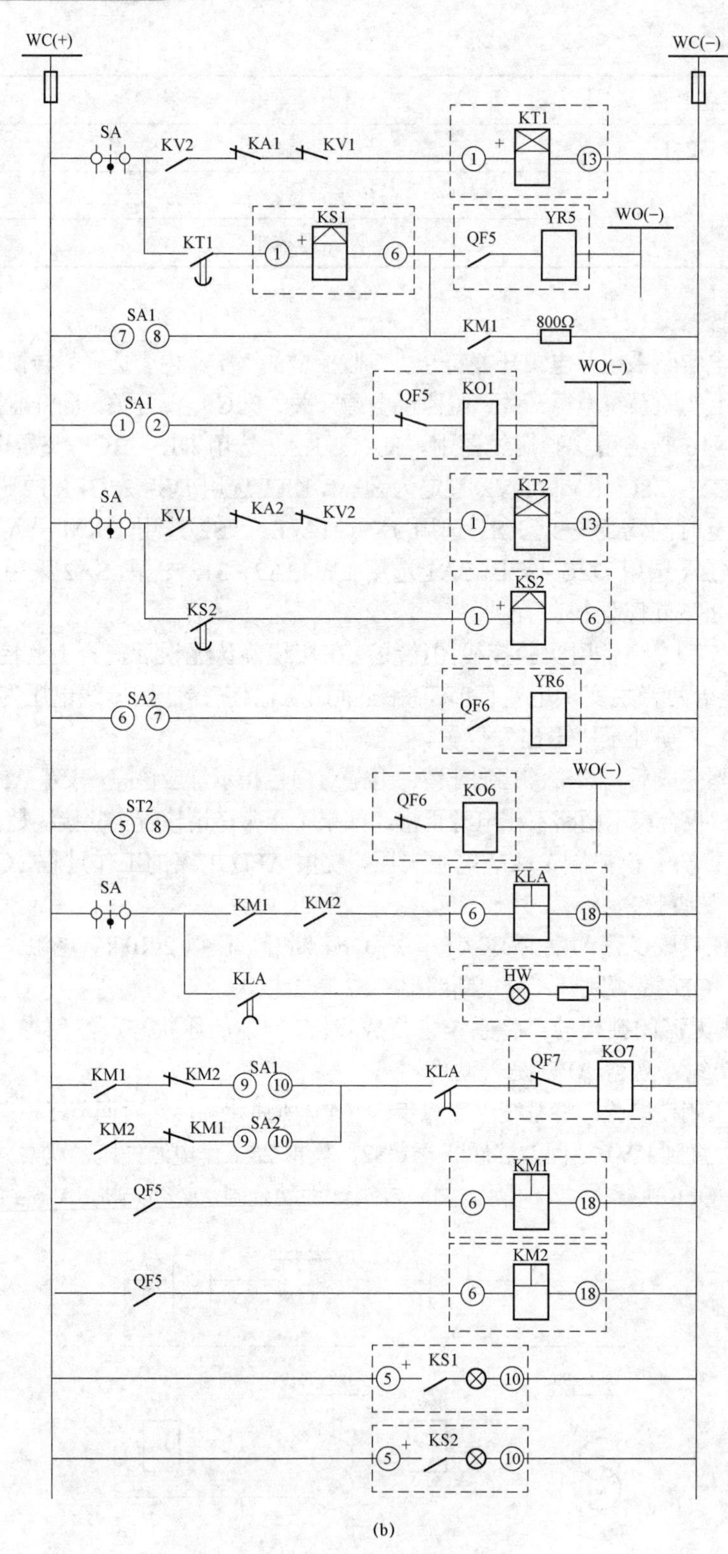


(b)

图 5－16　暗备用实验接线图（续）

（b）控制回路

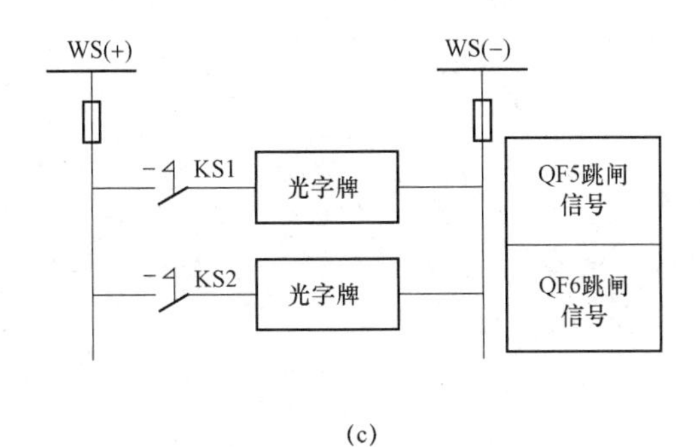


(c)

图 5-16　暗备用实验接线图（续）

（c）信号回路

## 六、实验报告

分析暗备用电路的工作过程，并将 APD 电路各主要元件在不同条件下的状态填入表 5-10。

**表 5-10　暗备用电路 APD 电路各主要元件在不同条件下的状态**

| 序号 | 代号 | 规格型号 | 实验整定值或额定工作值 | QS1 断电 | PT 断线（KV1 失电） | 低压闭锁 | 线圈接法 | 用途 |
|---|---|---|---|---|---|---|---|---|
| 1 | KA1 | | | | | | | |
| 2 | KV1 | | | | | | | |
| 3 | KA2 | | | | | | | |
| 4 | KV2 | | | | | | | |
| 5 | KT1 | | | | | | | |
| 6 | KT2 | | | | | | | |
| 7 | KLA | | | | | | | |

# 第6章

# PLC 在供配电系统保护控制中的应用

## 6.1 可编程控制器简介

随着微处理器和计算机数字通信技术飞速发展，计算机控制技术已经渗透到所有工业领域。当前用于工业控制的计算机可分为：可编程控制器，基于 PC 总线的工业控制计算机，基于单片机的测控装置，用于模拟量闭环控制的可编程调节器，集散控制系统（DCS）和现场总线控制系统（FCS）等。可编程控制器作为应用广泛、功能强大、使用方便的通用工业控制装置，已成为当代工业自动化的重要支柱。近几年来，在国内已得到迅速推广普及，正改变着工厂自动控制的面貌，对传统技术改造、发展新型工业具有重大的实际意义。

可编程控制器是 20 世纪 60 年代末在美国首先出现的，当时叫可编程逻辑控制器，目的是用来取代继电器，以执行逻辑判断、计时、计数等顺序控制功能。其基本设计思想是把计算机功能完善、灵活、通用等优点和继电器控制系统的简单易懂、操作方便、价格便宜等优点结合起来，控制器的硬件是标准的、通用的。根据实际应用对象，将控制内容写入控制器的用户程序内，控制器和被控对象连接也很方便。

可编程控制器对用户来说，是一种无触点设备，改变程序即可改变生产工艺，因此可在初步设计阶段选用可编程控制器，在实施阶段再确定工艺过程。另外，从制造生产可编程控制器的厂商角度看，在制造阶段不需要根据用户的要求专门设计控制器，适合批量生产。由于这些特点，可编程控制器问世以后很快受到工业控制界的欢迎，并得到迅速发展。

可编程控制器，英文名称 Programmable Controller，简称 PC，但由于 PC 容易和个人计算机（Personal Computer）混淆，故人们仍习惯用 PLC 作为可编程序控制器的缩写。它是一个以微处理器为核心的数字运算操作的电子系统装置，专为在工业现场应用而设计，它采用可编程序的存储器，用以在其内部存储执行逻辑运算、顺序控制、定时/计数和算术运算等操作指令，并通过数字式或模拟式的输入、输出接口，控制各种类型的机械或生产过程。PLC 是微机技术与传统的继电接触控制技术相结合的产物，它克服了继电接触控制系统中的机械触点的接线复杂、可靠性低、功耗高、通用性和灵活性差的缺点，充分利用了微处理器的优点，又照顾到现场电气操作维修人员的技能与习惯，特别是 PLC 的程序编制不需要专门的计算机编程语言知识，而是采用了一套以继电器梯形图为基础的简单指令形式，使用户程序编制形象、直观、方便易学，调试与查错也都很方便。用户在购到所需的 PLC 后，只需按说明书的提示，做少量的接线和简易的用户程序的编制工作，就可灵活方便地将 PLC 应用于生产实践。

### 6.1.1 PLC 的结构及各部分的作用

PLC 的类型繁多，功能和指令系统也不尽相同，但结构与工作原理则大同小异，通常由主机、输入/输出接口、电源扩展器接口和外部设备接口等几个主要部分组成。PLC 的硬件系统结构如图 6－1 所示。

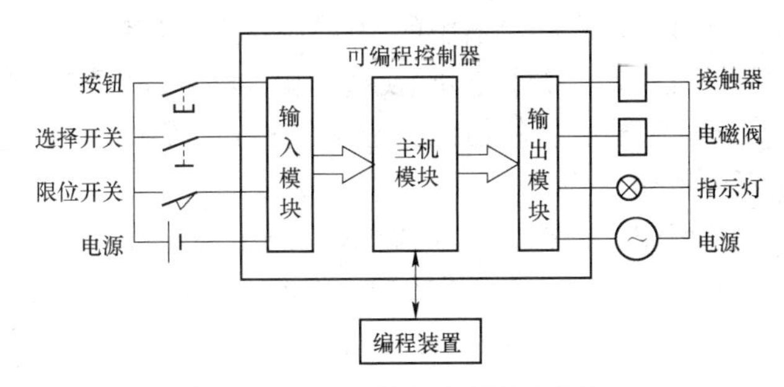


图 6－1 PLC 的硬件系统结构图

1. 主机

主机部分包括中央处理器（CPU）、系统程序存储器和用户程序及数据存储器。CPU 是 PLC 的核心，它用以运行用户程序、监控输入/输出接口状态、做出逻辑判断和进行数据处理，即读取输入变量，完成用户指令规定的各种操作，将结果送到输出端，并响应外部设备（如电脑、打印机等）的请求以及进行各种内部判断等。PLC 的内部存储器有两类，一类是系统程序存储器，主要存放系统管理和监控程序及对用户程序做编译处理的程序，系统程序已由厂家固定，用户不能更改；另一类是用户程序及数据存储器，主要存放用户编制的应用程序及各种暂存数据和中间结果。

2. 输入/输出（I/O）接口

I/O 接口是 PLC 与输入/输出设备连接的部件。输入接口接受输入设备（如按钮、传感器、触点、行程开关等）的控制信号。输出接口将经主机处理后的结果通过功放电路去驱动输出设备（如接触器、电磁阀、指示灯等）。I/O 接口一般采用光电耦合电路，以减少电磁干扰，从而提高了可靠性。I/O 点数即输入/输出端子数是 PLC 的一项主要技术指标，通常小型机有几十个点，中型机有几百个点，大型机将超过千点。

3. 电源

图 6－1 中的电源是指为 CPU、存储器、I/O 接口等内部电子电路工作所配置的直流开关稳压电源，通常也为输入设备提供直流电源。

4. 编程

编程是 PLC 利用外部设备，输入、检查、修改、调试程序或监控 PLC 的工作情况。可通过专用的 PC/PPI 电缆线将 PLC 与电脑连接，并利用专用的编程软件进行电脑编程和监控。

5. 输入/输出（I/O）扩展单元

I/O 扩展单元用于将扩充外部输入/输出端子数的扩展单元与基本单元（即主机）连接在一起。

6. 外部设备接口

此接口可将打印机、条码扫描仪、变频器等外部设备与主机相连，以完成相应的操作。

实验装置提供的主机型号为西门子 S7－200 系列的 CPU224（AC/DC/RELAY），输入点数为 14，输出点数为 10。

### 6.1.2 PLC 的工作原理

PLC 是采用“顺序扫描，不断循环”的方式进行工作的。即在 PLC 运行时，CPU 根据用户按控制要求编制好并存于用户存储器中的程序，按指令步序号（或地址号）做周期性循环扫描，如无跳转指令，则从第一条指令开始逐条顺序执行用户程序，直至程序结束。然后重新返回第一条指令，开始下一轮新的扫描。在每次扫描过程中，还要完成对输入信号的采样和对输出状态的刷新等工作。

PLC 扫描一个周期必经输入采样、程序执行和输出刷新三个阶段。

PLC 在输入采样阶段：首先以扫描方式按顺序将所有暂存在输入锁存器中的输入端子的通断状态或输入数据读入，并将其写入各对应的输入状态寄存器中，即刷新输入。随即关闭输入端口，进入程序执行阶段。

PLC 在程序执行阶段：按用户程序指令存放的先后顺序扫描执行每条指令，经相应的运算和处理后，其结果再写入输出状态寄存器中，输出状态寄存器中所有的内容随着程序的执行而改变。

输出刷新阶段：当所有指令执行完毕，输出状态寄存器的通断状态在输出刷新阶段送至输出锁存器中，并通过一定的方式（继电器、晶体管或晶闸管）输出，驱动相应输出设备工作。

### 6.1.3 PLC 的程序编制

1. 编程元件

PLC 是采用软件编制程序来实现控制要求的。编程时要使用到各种编程元件，它们可提供无数个动合和动断触点。编程元件是指输入映像寄存器、输出映像寄存器、位存储器、定时器、计数器、通用寄存器、数据寄存器及特殊功能存储器等。

PLC 内部这些存储器的作用和继电接触控制系统中使用的继电器十分相似，也有“线圈”与“触点”，但它们不是“硬”继电器，而是 PLC 存储器的存储单元。当写入该单元的逻辑状态为“1”时，则表示相应继电器线圈得电，其动合触点闭合，动断触点断开。所以，内部的这些继电器称之为“软”继电器。S7－200 CPU224、CPU226 部分编程元件的编号范围与功能说明如表 6－1 所示。

2. 编程语言

所谓程序编制，就是用户根据控制对象的要求，利用 PLC 厂家提供的程序编制语言，将一个控制要求描述出来的过程。PLC 最常用的编程语言是梯形图语言和指令语句表语言，且两者常常联合使用。

（1）梯形图（语言）。

梯形图是一种从继电接触控制电路图演变而来的图形语言。它是借助类似于继电器的动合、动断触点、线圈以及串、并联等术语和符号，根据控制要求连接而成的表示 PLC 输入和输出之间逻辑关系的图形，直观易懂。

梯形图中常用“┤├”“┤/├”图形符号分别表示 PLC 编程元件的动断和动合触点；用“( )”表示它们的线圈。梯形图中编程元件的种类用图形符号及标注的字母或数字加以区别。触点和线圈等组成的独立电路称为网络，用编程软件生成的梯形图和语句表程序中有网络编号，允许以网络为单位给梯形图加注释。

**表 6－1　S7－200 CPU224、CPU226 部分编程元件的编号范围与功能说明**

| 元件名称 | 代表字母 | 编号范围 | 功 能 说 明 |
| --- | --- | --- | --- |
| 输入寄存器 | I | I0.0～I1.5 共 14 点 | 接受外部输入设备的信号 |
| 输出寄存器 | Q | Q0.0～Q1.1 共 10 点 | 输出程序执行结果并驱动外部设备 |
| 位存储器 | M | M0.0～M31.7 | 在程序内部使用，不能提供外部输出 |
| 定时器 | T0～T255 | T0，T64 | 保持型通电延时 1 ms |
| | | T1～T4，T65～T68 | 保持型通电延时 10 ms |
| | | T5～T31，T69～T95 | 保持型通电延时 100 ms |
| | | T32，T96 | ON/OFF 延时，1 ms |
| | | T33～T36，T97～T100 | ON/OFF 延时，10 ms |
| | | T37～T63，T101～T255 | ON/OFF 延时，100 ms |
| 计数器 | C | C0～C255 | 加法计数器，触点在程序内部使用 |
| 高速计数器 | HC | HC0～HC5 | 用来累计比 CPU 扫描速率更快的事件 |
| 顺序控制继电器 | S | S0.0～S31.7 | 提供控制程序的逻辑分段 |
| 变量存储器 | V | VB0.0～VB5119.7 | 数据处理用的数值存储元件 |
| 局部存储器 | L | LB0.0～LB63.7 | 使用临时的寄存器，作为暂时存储器 |
| 特殊存储器 | SM | SM0.0～SM549.7 | CPU 与用户之间交换信息 |
| 特殊存储器 | SM（只读） | SM0.0～SM29.7 | 接受外部信号 |
| 累加寄存器 | AC | AC0～AC3 | 用来存放计算的中间值 |

梯形图的设计应注意到以下三点：

① 梯形图按从左到右、自上而下的顺序排列。每一逻辑行（或称梯级）起始于左母线，然后是触点的串、并联，最后是线圈。与能流的方向一致。

② 梯形图中每个梯级流过的不是物理电流，而是“概念电流”，从左流向右，其两端没有电源。这个“概念电流”只是用来形象地描述用户程序执行中应满足线圈接通的条件。

③ 输入寄存器用于接收外部输入信号，而不能由 PLC 内部其他继电器的触点来驱动。因此，梯形图中只出现输入寄存器的触点，而不出现其线圈。输出寄存器则输出程序执行结果给外部输出设备，当梯形图中的输出寄存器线圈得电时，就有信号输出，但不是直接驱动输出设备，而要通过输出接口的继电器、晶体管或晶闸管才能实现。输出寄存器的触点也可供内部编程使用。

（2）指令语句表。

指令语句是一种用指令助记符来编制 PLC 程序的语言，它类似于计算机的汇编语言，但比汇编语言易懂易学，若干条指令语句组成的程序就是指令语句表。一条指令语句由步序、指令语句和作用器件编号三部分组成。

## 6.2 可编程控制器梯形图编程规则

可编程控制器梯形图编程的步骤如下。

（1）决定系统所需的动作及次序。

当使用可编程控制器时，最重要的一环是决定系统所需的输入及输出，这主要取决于系统所需的输入及输出接口分立元件。

输入及输出要求：

① 设定系统输入及输出数目，可由系统的输入及输出分立元件数目直接取得。

② 决定控制先后、各器件相应关系以及做出何种反应。

（2）将输入及输出器件编号。

每一输入和输出，包括定时器、计数器、内置寄存器等都有唯一的对应编号，不能混用。

（3）画出梯形图。

根据控制系统的动作要求，画出梯形图。

梯形图设计规则：

① 触点应画在水平线上，不能画在垂直分支上。应根据自左至右、自上而下的原则和对输出线圈的几种可能控制路径来画。

② 不包含触点的分支应放在垂直方向，不可放在水平位置，以便于识别触点的组合和对输出线圈的控制路径。

③ 在有几个串联回路相并联时，应将触点多的那个串联回路放在梯形图的最上面；在有几个并联回路相串联时，应将触点最多的并联回路放在梯形图的最左面。这样，编制的程序简洁明了，语句较少。

④ 不能将触点画在线圈的右边，只能在触点的右边接线圈。

（4）将梯形图转化为程序。

当完成梯形图以后，下一步是把它编码成可编程控制器能识别的程序，即把继电器梯形图转变为可编程控制器的编码。

这种程序语言由地址、控制语句、数据组成。地址是控制语句及数据所存储或摆放的位置，控制语句告诉可编程控制器怎样利用数据做出相应的动作。

（5）在编程方式下用键盘输入程序。

（6）编程及设计控制程序。

（7）测试控制程序的错误并修改。

（8）保存完整的控制程序。

## 6.3　S7－200 的通信方式与通信参数的设置

### 6.3.1　S7－200 的通信方式

S7－200 的通信功能强，有多种通信方式可供用户选择。在运行 Windows 或 Windows NT 操作系统的个人计算机（PC）上安装了 STEP 7－Micro/WIN32 编程软件后，PC 可作为通信中的主站。

1. 单主站方式

单主站与一个或多个从站相连，STEP 7－Micro/WIN32 每次和一个 S7－200 CPU 通信，但是它可以访问网络上的所有 CPU。

2. 多主站方式

通信网络中有多个主站，一个或多个从站。带 CP 通信卡的计算机和文本显示器 TD200、操作面板 OP15 是主站，S7－200 CPU 可以是从站或主站。

### 6.3.2　S7－200 通信的硬件选择

表 6－2 给出了可供用户选择的 STEP 7－Micro/WIN32 支持的通信硬件和波特率。除此之外，S7－200 还可以通过 EM277 PROFIBUS－DP 模块连接到 PROFIBUS－DP 现场总线网络，各通信卡提供一个与 PROFIBUS 网络相连的 RS－485 通信口。

**表 6－2　STEP 7－Micro/WIN32 支持的硬件配置**

<table>
<tr><th>支持的硬件</th><th>类　　型</th><th>支持波特率<br>/Kbps</th><th>支持的协议</th></tr>
<tr><td>PC/PPI 电缆</td><td>到 PC 通信口的电缆连接器</td><td>9.6，19.2</td><td>PPI 协议</td></tr>
<tr><td>CP 5511</td><td>Ⅱ型，PCMCIA 卡</td><td rowspan="3">9.6，19.2，<br>187.5</td><td>支持用于笔记本电脑的 PPI，<br>MPI 和 PROFIBUS 协议</td></tr>
<tr><td>CP 5611</td><td>PCI 卡（版本 3 或更高）</td><td rowspan="2">支持用于 PC 的 PPI，MPI 和<br>PROFIBUS 协议</td></tr>
<tr><td>MPI</td><td>集成在编程器中 PC ISA 卡</td></tr>
</table>

### 6.3.3　网络部件

1. 通信口

S7－200 CPU 上的通信口是与 RS－485 兼容的 9 针 D 型连接器，符合欧洲标准 EN 50170。

表 6-3 给出了通信口的引脚分配。

表 6-3　S7-200 CPU 通信口引脚分配

| 针 | PROFIBUS 名称 | 端口 0/端口 1 | 针 | PROFIBUS 名称 | 端口 0/端口 1 |
|---|---|---|---|---|---|
| 1 | 屏蔽 | 逻辑地 | 6 | +5 V | +5 V，100 Ω 串联电阻 |
| 2 | +24 V 返回 | 逻辑地 | 7 | +24 V | +24 V |
| 3 | RS-485 信号 B | RS-485 信号 B | 8 | RS-485 信号 A | RS-485 信号 A |
| 4 | 发送申请 | RTS（TTL） | 9 | 不用 | 10 位协议选择 |
| 5 | +5 V 返回 | 逻辑地 | 连接器外壳 | 屏蔽 | 屏蔽 |

2. 网络连接器

利用西门子提供的两种网络连接器可以把多个设备很容易地连到网络中。两种连接器都有两组螺钉端子，可以连接网络的输入和输出。一种连接器仅提供连接到 CPU 的接口，而另一种连接器增加了一个编程接口。两种网络连接器还有网络偏置和终端偏置的选择开关，该开关在 ON 位置时的内部接线图接终端电阻，在 OFF 位置时未接终端电阻。接在网络端部的连接器上的开关应放在 ON 位置。

带有编程器接口的连接器可以把 SIMATIC 编程器或操作员面板接到网络中，而不用改动现有的网络连接。带有编程器接口的连接器把 CPU 来的信号传到编程器接口，这个连接器对于连接从 CPU 获取电源的设备（例如，操作员面板 TD200 或 OP3）很有用。

### 6.3.4　使用 PC/PPI 电缆通信

使用 PC/PPI 电缆可实现 S7-200 CPU 与 RS-232 标准兼容的设备的通信。有两种不同型号的 PC/PPI 电缆：

（1）带 RS-232 口的隔离型 PC/PPI 电缆，用 5 个 DIP 开关设置波特率和其他配置项。通信的波特率用 PC/PPI 电缆盒上的 DIP 开关来设置。

（2）带 RS-232 口的非隔离型 PC/PPI 电缆，用 4 个 DIP 开关设置波特率，这种电缆已经被隔离型 PC/PPI 电缆取代。

当数据从 RS-232 传送到 RS-485 口时，PC/PPI 电缆是发送模式。当数据从 RS-485 传送到 RS-232 口时，PC/PPI 电缆是接收模式。检测到 RS-232 的发送线有字符时，电缆立即从接收模式切换到发送模式。RS-232 发送线处于闲置的时间超过电缆切换时间时，电缆又切换到接收模式。这个时间与电缆上的 DIP 开关设置的波特率有关。

PC/PPI 电缆的 5 号 DIP 开关设为 0 时，RS-232 口为数据通信设备（DCE）模式；设置为 1 时，为数据终端设备（DTE）模式。表 6-4 是 PC/PPI 电缆各个引脚的定义。

表 6-4　RS-485、RS-232 DTE 连接器引脚

| RS-485 连接器引脚 | | RS-232 DTE 连接器引脚 | |
|---|---|---|---|
| 引脚号 | 信号说明 | 引脚号 | 信号说明 |
| 1 | 地（RS-485 逻辑地） | 1 | 数据载波检测（DCD）（不用） |
| 2 | +24 V（RS-485 逻辑地） | 2 | 接收数据（RD，输入到 PC/PPI 电缆） |
| 3 | 信号 B（RxD/TxD+） | 3 | 发送数据（TD，从 PC/PPI 电缆输出） |
| 4 | RTS（TTL 电平） | 4 | 数据终端就绪（DTR，不用） |
| 5 | 地（RS-485 逻辑地） | 5 | 地（RS-232 逻辑地） |
| 6 | +5 V（带 100 Ω 串联电阻） | 6 | 数据设置就绪（DSR，不用） |
| 7 | 24 V 电源 | 7 | 申请发送（RTS，PC/PPI 电缆输出） |
| 8 | 信号 A（RxD/TxD-） | 8 | 清除发送（CTS，不用） |
| 9 | 协议选择 | 9 | 振铃指示器（RI，不用） |

注：调制解调器需要一个阴到阳的 9 针到 25 针的转换。

### 6.3.5　在编程软件中安装与删除通信接口

在 STEP 7-Micro/WIN32 中选择菜单命令“检视”→“通信”或单击浏览栏中的通信图标，可进入设置通信的对话框。在对话框中双击 PC/PPI 电缆的图标，出现“Set PG/PC Interface（设置 PG/PC 接口）”对话框。按“Select（选择）”按钮，出现“Install/Uninstall（安装/删除）”窗口，可用它来安装或删除通信硬件。对话框的左侧是可供选择的通信硬件，右侧是已经安装好的通信硬件。

1. 通信硬件的安装

从左边的选择列表框中选择要安装的硬件型号，窗口下部显示出对选择的硬件的描述。单击“Install（安装）”按钮，选择的硬件将出现在右边的“Installed（已安装）”列表框。安装完后按“Close（关闭）”按钮，回到“Set PG/PC Interface（设置 PG/PC 接口）”对话框。

2. 通信硬件的删除

在“Install/Uninstall（安装/删除）”窗口中右边的已安装列表框中选择硬件，单击“Uninstall（删除）”按钮，选择的硬件被删除。

3. Windows NT 用户的特殊硬件安装信息

Windows NT 只提供默认值，它们与硬件配置可能不匹配，但可以很容易地修改这些参数，以便与要求的系统设置匹配。

安装完硬件后，在已安装列表栏中选择它，单击“Resource（资源）”按钮，出现资源对话框，该框允许修改实际安装的硬件的系统设置值。如果该按钮呈灰色，说明不需修改参数。此时可能需要参考硬件手册，根据硬件设置决定对话框中列举的各个参数的设置值。为了正确建立通信，可能需要试几个不同的中断。

如果在 Windows NT 中使用 PC/PPI 电缆，网络中不允许有其他主站。

### 6.3.6 计算机使用的通信接口参数的设置

打开“设置 PG/PC 接口”对话框，“Micro/WIN32”应出现在“Access Point of the Application（应用的访问接点）”列表框中。

PC/PPI 电缆只能选用 PPI 协议：选择好通信协议后，单击“Set PG/PC Interface（设置 PG/PC 接口）”对话框中的“Properties（属性）”按钮，然后在弹出的窗口中设置通信参数。

PC/PPI 电缆的 PPI 参数设置：如果使用 PC/PPI 电缆，在“Set PG/PC Interface（设置 PG/PC 接口）”对话框中单击“Properties（属性）”按钮，就会出现 PC/PPI 电缆（PPI）的属性窗口。

进行通信时，STEP 7－Micro/WIN32 的默认设置为多主站 PPI 协议。此协议允许 STEP 7－Micro/WIN32 与其他主站（TD 200 与操作员面板）在网络中共为主站。选中 PG/PC 接口中 PC/PPI 电缆属性对话框中的“Multiple Master Netword（多主站网络）”，即可启动此模块，未选择时为单主站协议。

### 6.3.7 S7－200 的网络通信协议

S7－200 支持多种通信协议，如点对点接口（PPI）、多点接口（MPI）和 PROFIBUS。它们都是基于字符的异步通信协议，带有起始位、8 位数据、偶校验和 1 个停止位。通信帧由起始和结束字符、源和目的站地址、帧长度和数据完整性校验和组成。只要波特率相同，三个协议可以在网络中同时运行，不会相互影响。

协议支持一个网络上的 127 个地址（0～126），网络上最多可有 32 个主站，网络上各设备的地址不能重复。运行 STEP 7－Micro/WIN32 的计算机的默认地址为 0，操作员面板的默认地址为 1，可编程控制器的默认地址为 2。

1. 点对点接口协议（PPI）

PPI（Point－to－Point）是主/从协议，网络上的 S7－200 CPU 均为从站，其他 CPU、SIMATIC 编程器或 TD200 为主站。

如果在用户程序中允许 PPI 主站模式，一些 S7－200 CPU 在 RUN 模式下可以作主站，它们可以用网络读（NETR）和网络写（NETW）指令读写其他 CPU 中的数据。S7－200 CPU 作 PPI 主站时，还可以作为从站响应来自其他主站的通信申请。PPI 没有限制可以有多少个主站与一个从站通信，但是在网络中最多只能有 32 个主站。

2. 多点接口协议（MPI）

MPI 是集成在西门子公司的可编程序控制器、操作员界面和编程器上的集成通信接口，用于建立小型的通信网络。最多可接 32 个节点，典型数据长度为 64 字节，最大距离 100 m。

MPI（Multi－Point）可以是主/主协议或主/从协议。S7－300 CPU 作为网络主站，使用主/主协议。S7－300 CPU 对 S7－200 CPU 建立主/从连接，因为 S7－200 CPU 是从站。

MPI 在两个相互通信的设备之间建立连接，一个连接可能是两个设备之间的非公用连接，另一个主站不能干涉两个设备之间已经建立的连接。主站可以短时间建立连接，或使连接长期断开。

每个 S7－200 CPU 支持 4 个连接，每个 EM277 模块支持 6 个连接。它们保留 2 个连接，其中一个给 SIMATIC 编程器或计算机，另一个给操作员面板。保留的连接不能被其他类型的主站（如 CPU）使用。

3. Modbus 协议

STEP 7－Micro/WIN32 指令库包含有专门为 Modbus 通信设计的预先定义的子程序和中断服务程序，使得与 Modbus 主站的通信简单易行。使用 Modbus 从站协议指令，可以将 S7－200 组态作为一个 Modbus－RTU 从站，与 Modbus 主站通信。

目前，西门子公司也提供了将 S7－200 作 Modbus 主站的子程序和中断服务程序，但兼容性不太理想。

在 THLGP－1 供配电技术综合实验系统的监控网络中，将 S7－200 和智能电量监测仪组态作为 Modbus－RTU 从站，与监控主机（Modbus 主站）通信。表 6－5 提供了 PLC 主机及扩展模块的 I/O 点对应的远信和远控对象。

**表 6－5　PLC 主机及扩展模块 I/O 点对应的远信和远控对象**

| PLC 输入点 | 远控对象 | PLC 输出点 | 远控对象 |
|---|---|---|---|
| I0.0 | 有载调压远控信号 | Q0.0 | YR1 |
| I0.1 | 功率因数补偿远控信号 | Q0.1 | KO1 |
| I0.2 | QS3 | Q0.2 | YR2 |
| I0.3 | QS4 | Q0.3 | KO2 |
| I0.4 | QS5 | Q0.4 | YR3 |
| I0.5 | QS6 | Q0.5 | KO3 |
| I0.6 | QS7 | Q0.6 | YR4 |
| I0.7 | QS8 | Q0.7 | KO4 |
| I1.0 | QS9 | Q1.0 | YR5 |
| I1.1 | QS10 | Q1.1 | KO5 |
| I1.2 | QS11 | Q2.0 | YR6 |
| I1.3 | QF1 | Q2.1 | KO6 |
| I1.4 | QF2 | Q2.2 | YR7 |
| I1.5 | QF3 | Q2.3 | KO7 |
| I2.0 | QF4 | Q2.4 | YR8 |
| I2.1 | QF5 | Q2.5 | YR9 |
| I2.2 | QF6 | Q2.6 | YR10 |
| I2.3 | QF7 | Q2.7 | YR11 |
| I2.4 | QF8 | Q3.0 | 有载调压分接头控制 |
| I2.5 | QF9 | Q3.1 | |
| I2.6 | QF10 | Q3.2 | |
| I2.7 | QF11 | Q3.3 | |
| I3.0 | QF12 | Q3.4 | |

续表

| PLC 输入点 | 远控对象 | PLC 输出点 | 远控对象 |
|---|---|---|---|
| I3.1 | 有载调压装置远控输入 | Q3.5 | 电容器组控制用接触器远控信号 |
| I3.2 | | Q3.6 | |
| I3.3 | | Q3.7 | |
| I3.4 | | Q4.0 | |
| I3.5 | 有载调压装置远控输入 | Q4.1 | 电容器组控制用接触器远控信号 |
| I3.6 | | Q4.2 | |
| I3.7 | | Q4.3 | |
| I4.0 | QL1 | Q4.4 | PLC 应用实验 |
| I4.1 | QS1 | Q4.5 | |
| I4.2 | QS2 | Q4.6 | |
| I4.3 | 电容器组控制用接触器信号 | Q4.7 | |
| I4.4 | | | |
| I4.5 | | | |
| I4.6 | | | |
| I4.7 | PLC 应用实验 | | |

# 6.4 PLC 在供配电系统保护控制中应用实训

## 6.4.1 基于 PLC 的带时限过电流保护实训

### 一、实验目的

（1）了解 S7-200 PLC 编程软件的使用以及开关量输入/输出点的实验接线方法。

（2）进一步掌握带时限过电流保护的工作原理。

### 二、预习与思考

（1）复习供电线路的定时限过电流保护实验的有关内容，加深对定时限过电流保护电路的理解。

（2）了解 PLC 与 PC 机通过 PC/PPI 电缆通信的方法，以及 STEP 7-Micro/WIN32 编程软件的使用。

### 三、原理说明

线路带时限过电流保护电路和工作原理请参阅教材相关内容和供电线路的定时限过电流保护实验。实验中，PLC 采集电流继电器常开触点信号，当供电线路发生短路故障时，电流继电器动作，常开触点闭合，PLC 检测到过电流信号后，启动延时程序，经设定延时后，启动信号和跳闸回路，实现过电流保护，如图 6-2 所示。

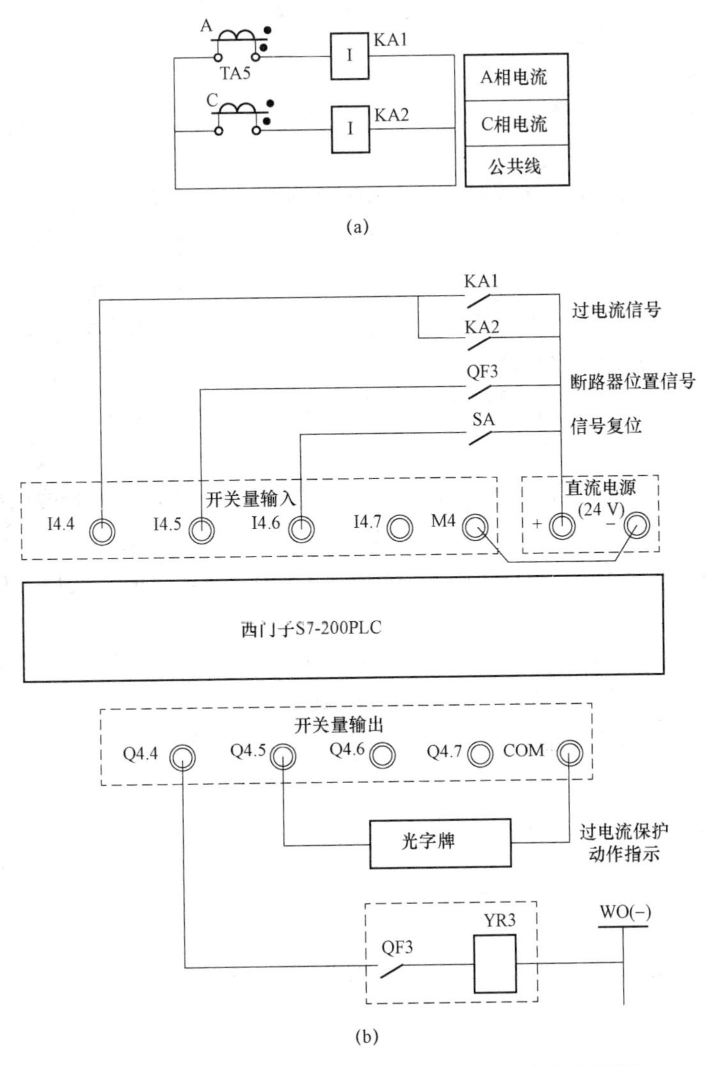


图 6-2　带时限过电流保护（PLC 应用）实验接线图

（a）交流回路；（b）控制回路

## 四、实验设备

所需实验设备见表 6-6。

**表 6-6　实验设备**

| 序号 | 设备名称 | 使用仪器名称 | 数量 |
|---|---|---|---|
| 1 | LGP01 | 电流继电器 | 1 |
| 2 | LGP32 | 交流数字真有效值电流、电压表 | 1 |
| 3 | 监控台 | 电流互感器二次信号 | 1 |
| | | S7-200 PLC | 1 |
| | | 三位旋钮，光字牌 | 各 1 |

**五、实验步骤**

1. 实验前准备

（1）将供配电实验系统总电源开关断开，监控台的“实验内容选择”转换开关旋到“线路保护”挡。

（2）将监控台上所有电流互感器（实验中需要接线的除外）二次侧短接。

（3）合上实验系统电源开关、监控台电源开关，PLC 电源开关断开，开始以下实验内容。

2. 实验步骤

（1）选择电流继电器的动作值，电流继电器选用 DL－23 C/6，整定电流为 2.1 A。

（2）对电流继电器进行整定调试。

（3）按图 6－2 带时限过电流保护实验接线图进行接线，接线确定无误后，合上 PLC 电源。

（4）在 PC 机上进入 STEP 7－Micro/WIN32 编程软件，与 S7－200 通信成功后，打开带时限过电流保护实验程序，并将程序下载到 PLC，然后在软件中将 PLC 设为“RUN”模式。

（5）依次合上电气控制模拟屏的 QS1、QF1、QS3、QS7、QF3、QF5、QF7、QF12，其他开关元件断开。

（6）分别设置 AB、BC、CA 相间短路，短路点分别设置在末端和 80%处，将短路设置投入，观察保护动作过程（信号复归后，将 SA 旋到退出位置）。

备注：由于没有电流速断保护，故短路点不宜设置在首端和 20%，以免短路电流太大影响设备使用寿命。

**六、实验报告**

从实验接线和保护动作过程两方面比较，采用 PLC 和使用继电器实现带时限过电流保护。

### 6.4.2 基于 PLC 的低电压启动过电流保护实训

**一、实验目的**

（1）进一步了解 S7－200 PLC 编程软件的使用以及开关量输入/输出点的使用方法。

（2）进一步掌握低电压启动过电流保护的工作原理。

**二、预习与思考**

（1）复习供电线路低电压启动过电流保护实验内容，加深对低电压启动过电流保护电路的理解。

（2）阅读 S7－200 PLC 系统手册，了解 S7－200 PLC 常用指令的使用，尤其注意在本章使用频率最高的输入/输出指令、延时指令、置位复位指令等。

**三、原理说明**

线路低电压启动过电流保护电路和工作原理请参阅供电线路低电压启动过电流保护实验内容。由实验接线图 6－3 可知，PLC 采集电流继电器和电压继电器的触点信号。当系统发生短路故障后，PLC 检测到电流继电器的常开触点闭合，电压继电器的常闭触点断开，启动延时程序，到设定延时时间后，启动信号和跳闸回路，实现低电压启动过电流保护。

**四、实验设备**

所需实验设备见表 6－7。

表 6-7　实验设备

| 序号 | 设备名称 | 使用仪器名称 | 数量 |
|---|---|---|---|
| 1 | LGP01 | 电流继电器 | 1 |
| 2 | LGP03 | 电压继电器 | 1 |
| 3 | LGP32 | 交流数字真有效值电流、电压表 | 1 |
| 4 | 监控台 | 电流、电压互感器二次信号 | 1 |
| | | S7-200 PLC | 1 |
| | | 三位旋钮，光字牌 | 1 |

## 五、实验步骤

（1）选择电流继电器、电压继电器的动作值，电流继电器选用 DL-23C/6，整定电流为 2.1 A，电压继电器选用 DY-28C，整定电压为 60 V。

（2）分别对电流、电压继电器进行整定调试。

（3）按图 6-3 低电压启动过电流保护实验接线图进行接线。接线确定无误后，合上 PLC 电源。

（4）在 PC 机上进入 STEP 7-Micro/WIN32 编程软件，与 S7-200 通信成功后，打开低电压启动过电流保护实验程序，并将程序下载到 PLC，然后在软件中将 PLC 设为“RUN”模式。

（5）依次合上电气控制模拟屏的 QS1、QF1、QS3、QS7、QF3、QS10、QF5、QF8，其他开关元件断开。

（6）分别设置 AB、BC、CA 相间短路，短路点分别设置在末端和 80%、20%处，将短路设置投入，观察保护动作过程（信号复归后，将 SA 旋到退出位置）。

## 六、实验报告

以低电压启动过电流保护电路为依据，参考原理说明，设计低电压启动过电流保护的程序流程图。参考实验样例程序，自行编写实验程序并调试。

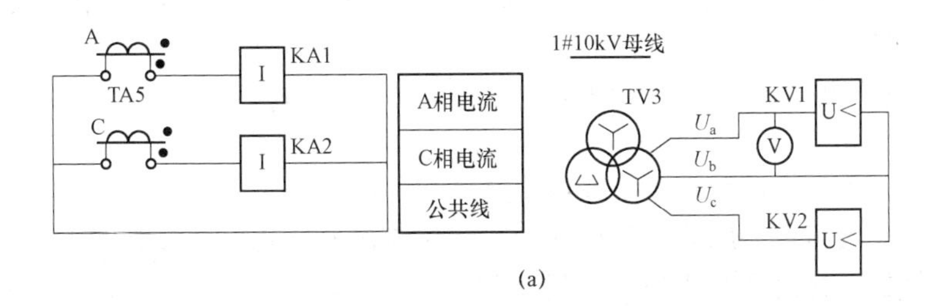


图 6-3　低电压启动过电流保护（PLC 应用）实验接线图
（a）交流回路

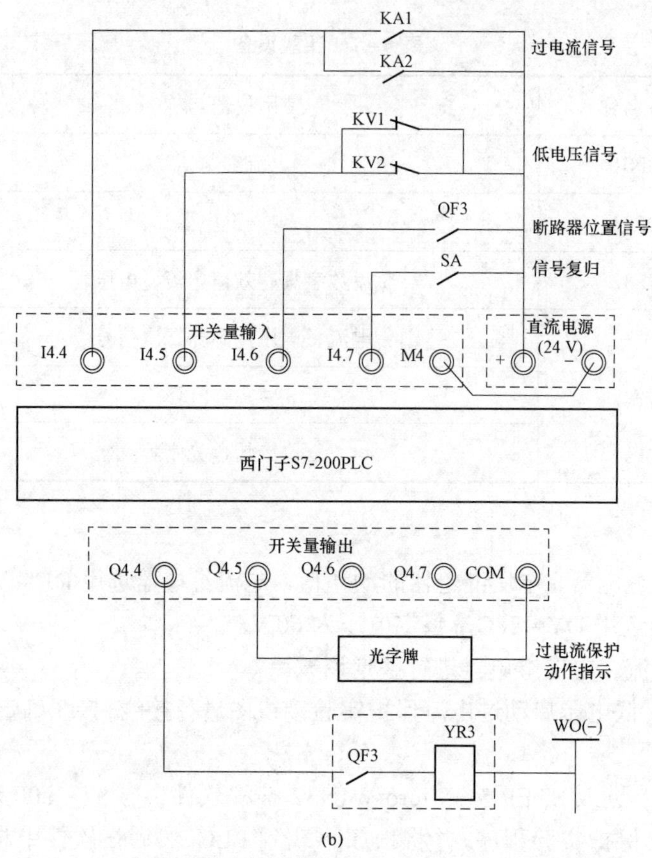


(b)

图 6–3　低电压启动过电流保护（PLC 应用）实验接线图（续）

（b）控制回路

### 6.4.3　基于 PLC 的线路电流速断保护实训

**一、实验目的**

（1）进一步了解 S7–200 PLC 编程软件的使用以及开关量输入输出点的使用方法。

（2）进一步掌握线路电流速断保护的工作原理。

**二、预习与思考**

（1）复习供电线路电流速断保护实验内容，加深对电流速断保护电路的理解。

（2）阅读 S7–200 PLC 系统手册，了解 S7–200 PLC 常用指令的使用及编程方法。

**三、原理说明**

线路电流速断保护电路和工作原理请参阅教材供电线路电流速断保护。由实验接线图 6–4 可知，PLC 采集过电流保护电流继电器（KA1，KA2）和电流速断保护电流继电器（KA3，KA4）触点信号。当系统发生短路故障后，PLC 检测到电流继电器的常开触点闭合，如果只有 KA1 或 KA2 触点闭合，启动延时程序，到设定延时时间后，启动信号和跳闸回路，实现定时限过电流保护，此过程与供电线路过电流保护相同。当 KA3 或 KA4 触点闭合时，立即启动信号和跳闸回路，实现电流速断保护。如果跳闸成功，PLC 检测到断路器 QF3 常开触点断开，复位跳闸输出触点，否则跳闸命令一直保持。SA 为信号复归旋钮，归保护动作指示光字牌。

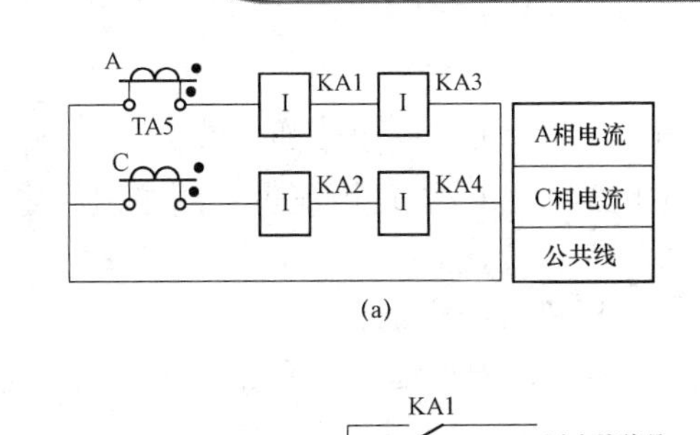


(a)

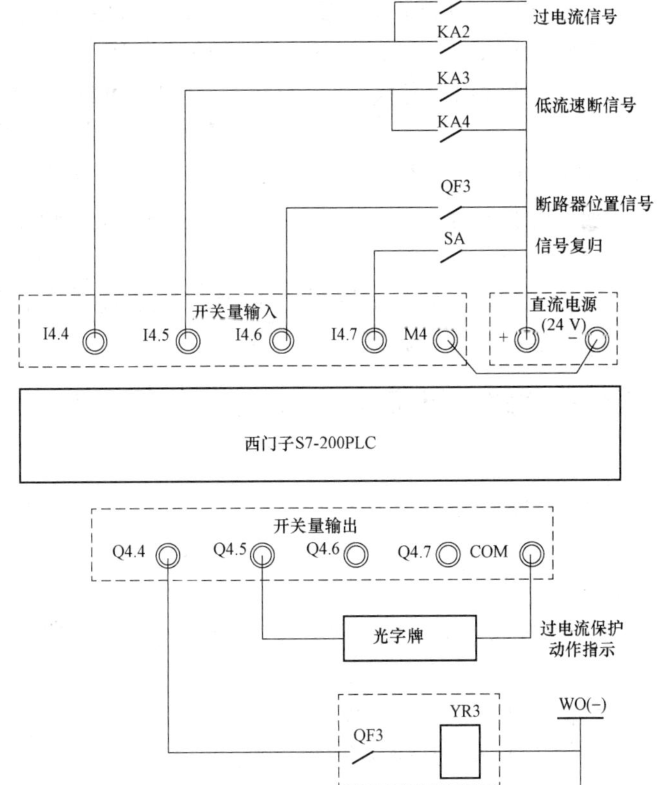


(b)

图 6－4　线路电流速断保护（PLC 应用）实验接线图

（a）交流回路；（b）控制回路

## 四、实验设备

所需实验设备见表 6－8。

**表 6－8　实验设备**

| 序号 | 设备名称 | 使用仪器名称 | 数量 |
|---|---|---|---|
| 1 | LGP01 | 电流继电器 | 1 |
| 2 | LGP02 | 电流继电器 | 1 |
| 3 | LGP32 | 交流数字真有效值电流 | 1 |
| 4 | 监控台 | 电流互感器二次信号 | 1 |
|  |  | S7－200 PLC | 1 |
|  |  | 三位旋钮，光字牌 | 1 |

五、实验步骤

（1）选择电流继电器的动作值（确定线圈接线方式），速断保护用电流继电器 KA3、KA4 选用 DL－24C/10，整定电流为 6.6 A，过电流保护用电流继电器 KA1、KA2 选用 DL－23C/6，整定电流为 2.1 A。

（2）分别对电流继电器进行整定调试。

（3）按图 6－4 线路电流速断保护实验接线图进行接线。接线确定无误后，合上 PLC 电源。

（4）在 PC 机上进入 STEP 7－Micro/WIN32 编程软件，与 S7－200 通信成功后，打开电流速断保护实验程序，并将程序下载到 PLC，然后在软件中将 PLC 设为“RUN”模式。

（5）依次合上电气控制模拟屏的 QS1、QF1、QS3、QS7、QF3、QS10、QF5、QF8，其他开关元件断开。

（6）分别设置 AB、BC、CA 相间短路，短路点分别设置在末端和 80%、20%处以及首端，将短路设置投入，观察保护动作过程（信号复归后，将 SA 旋到退出位置）。

六、实验报告

以电流速断保护电路为依据，参考原理说明，设计线路电流速断保护的程序流程图。参考实验样例程序，自行编写实验程序并调试。

### 6.4.4 基于 PLC 的线路过电流保护与自动重合闸实训

一、实验目的

（1）熟悉 S7－200 PLC 编程软件的使用以及简单的程序编写。

（2）加深对线路过电流保护与自动重合闸电路工作原理的理解。

二、预习与思考

自动重合闸在微机型保护中的启动条件是什么？闭锁条件有哪些？

三、原理说明

在利用 PLC 设计过电流保护与自动重合闸实验程序时，可以借鉴目前电力系统广泛应用的微机型保护实现三相一次重合闸所采用的办法。如四方公司的 CSC211 数字式线路保护测控装置在实现三相一次重合闸时的启动条件和闭锁条件如下。

1. 启动条件

（1）保护跳闸启动。

（2）开关位置不对应启动。

2. 闭锁条件

断路器合位时重合闸充电时间为 15 s；充电过程中重合绿灯闪烁，充电满后发常绿光，不再闪烁。满足以下任一条件，重合闸放电：

（1）控制回路断线后，重合闸延时 10 s“放电”；

（2）弹簧未储能端子高电位，重合闸延时 2 s“放电”；

（3）闭锁重合闸端子高电位，重合闸立即“放电”；

（4）永跳后（如低周动作、低压解列动作、过负荷动作），重合闸立即“放电”；

（5）检无压或检同期不成功，重合闸“放电”。

PLC 实验程序采用的三相一次重合闸启动条件为开关位置不对应启动，如图 6－5 所示，PLC 采集断路器控制开关 SA1 触点 9－10，与断路器 QF3 的位置信号来判别正常跳闸或事故障跳闸（包括保护跳闸和开关偷跳）。

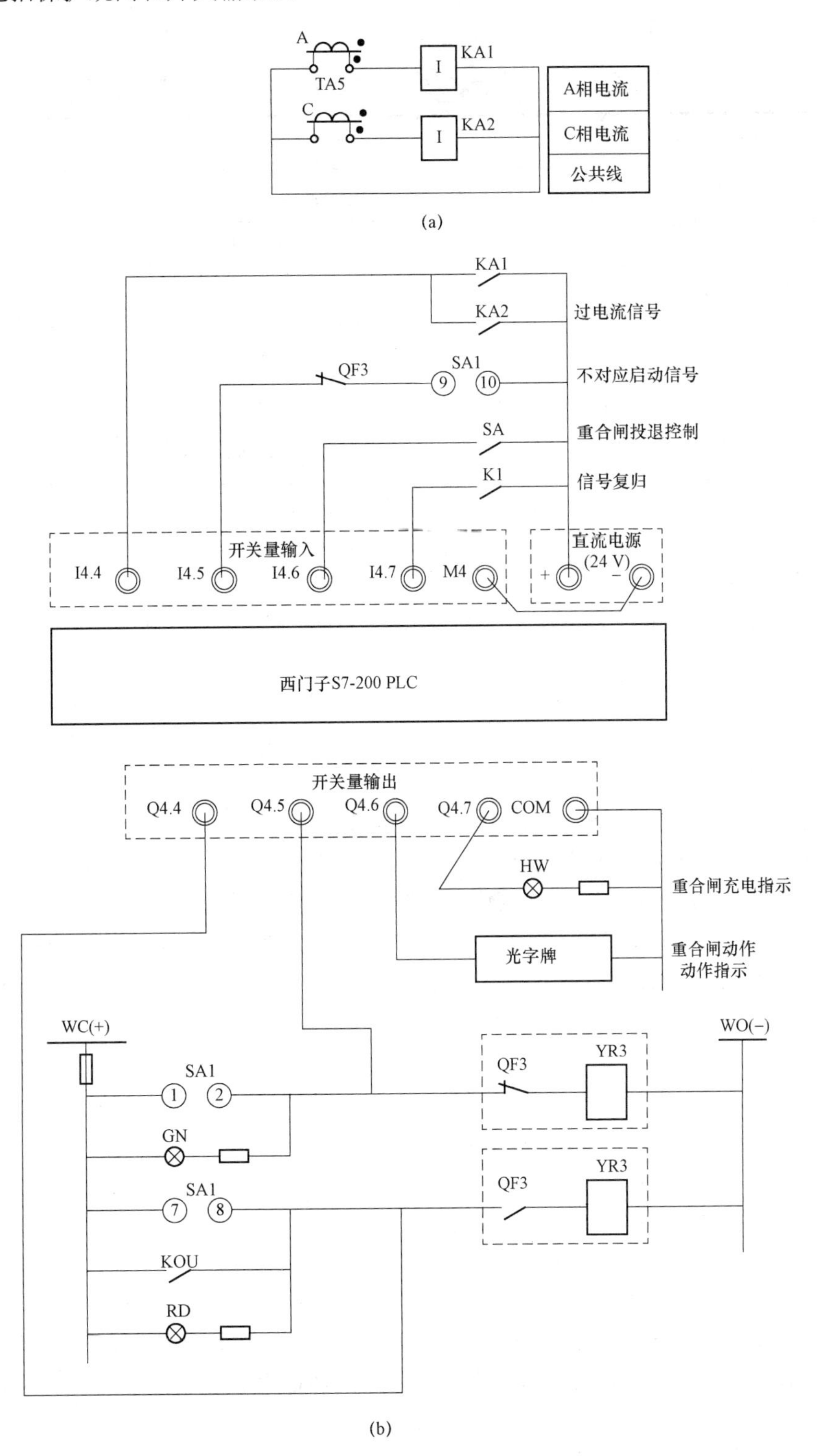


图 6－5　线路过电流保护与自动重合闸（PLC 应用）实验接线图

（a）交流回路；（b）控制回路

## 四、实验设备

所需实验设备见表 6－9。

表 6－9　实验设备

| 序号 | 设备名称 | 使用仪器名称 | 数量 |
|---|---|---|---|
| 1 | LGP01 | 电流继电器 | 1 |
| 2 | LGP32 | 交流数字真有效值电流 | 1 |
| 3 | LGP33 | 开关（K） | 1 |
| 4 | 监控台 | 电流互感器二次信号 | 1 |
| | | S7－200PLC，LW42A2/31371 控制开关 | 1 |
| | | 三位旋钮，光字牌、指示灯 | 1 |

## 五、实验步骤

1. 实验前准备

（1）将供配电实验系统总电源开关断开，监控台的“实验内容选择”转换开关旋到“线路保护”挡；

（2）将所有监控台上所有电流互感器（实验中需要接线的除外）二次侧短接；

（3）合上实验系统电源开关，监控台电源开关，PLC 电源开关关断，开始以下实验内容。

2. 实验步骤

（1）选择电流继电器的动作值，电流继电器选用 DL－23C/6，整定电流为 2.1 A。

（2）对电流继电器进行整定调试。

（3）按图 6－5 实验接线图进行接线，接线确定无误后，合上 PLC 电源。

（4）在 PC 机上进入 STEP 7－Micro/WIN32 编程软件，与 S7－200 通信成功后，打开过电流保护与自动重合闸样例程序，并将程序下载到 PLC，然后在软件中将 PLC 设为“RUN”模式。

（5）依次合上电气控制模拟屏的 QS1、QF1、QS3、QS7、QF3、QF5、QF7、QF12，其他开关元件断开。

（6）合上 SA，将重合闸功能投入，程序设定重合闸充电时间为 15 s，重合闸充电过程中，充电指示灯 HW 闪烁，充电完成后，指示灯亮。

（7）手动分、合闸试验。

将断路器 QF3 手动分、合闸，观察电路工作过程。

（8）暂时性故障与自动重合闸实验。

操作 SA，手动合闸 QF3，“短路点设置开关”旋到末端，操作短路设置模块，设置 AB 相间短路，在重合闸充电完成后，按下短路故障投入按钮 SB，使线路发生短路故障，当出口继电器动作使 QF3 跳闸后，再按下 SB，使短路故障退出运行（相当于系统发生暂时性故障），观察实验现象。

（9）永久性故障与自动重合闸实验。

操作 SA，手动合闸 QF3，“短路点设置开关”旋到末端，操作短路设置模块，设置 AB

相间短路，在重合闸充电完成后，按下短路故障投入按钮 SB（实验过程中不退出，相当于系统发生永久性故障），观察实验现象。

### 六、实验报告

实验完成后，分析实验样例程序怎样实现不对应启动和一次重合闸。

# 中华人民共和国安全生产法

（2014 版）

## 第一章　总　　则

**第一条**　为了加强安全生产工作，防止和减少生产安全事故，保障人民群众生命和财产安全，促进经济社会持续健康发展，制定本法。

**第二条**　在中华人民共和国领域内从事生产经营活动的单位（以下统称生产经营单位）的安全生产，适用本法；有关法律、行政法规对消防安全和道路交通安全、铁路交通安全、水上交通安全、民用航空安全以及核与辐射安全、特种设备安全另有规定的，适用其规定。

**第三条**　安全生产工作应当以人为本，坚持安全发展，坚持安全第一、预防为主、综合治理的方针，强化和落实生产经营单位的主体责任，建立生产经营单位负责、职工参与、政府监管、行业自律和社会监督的机制。

**第四条**　生产经营单位必须遵守本法和其他有关安全生产的法律、法规，加强安全生产管理，建立、健全安全生产责任制和安全生产规章制度，改善安全生产条件，推进安全生产标准化建设，提高安全生产水平，确保安全生产。

**第五条**　生产经营单位的主要负责人对本单位的安全生产工作全面负责。

**第六条**　生产经营单位的从业人员有依法获得安全生产保障的权利，并应当依法履行安全生产方面的义务。

**第七条**　工会依法对安全生产工作进行监督。

生产经营单位的工会依法组织职工参加本单位安全生产工作的民主管理和民主监督，维护职工在安全生产方面的合法权益。生产经营单位制定或者修改有关安全生产的规章制度，应当听取工会的意见。

**第八条**　国务院和县级以上地方各级人民政府应当根据国民经济和社会发展规划制定

安全生产规划，并组织实施。安全生产规划应当与城乡规划相衔接。

国务院和县级以上地方各级人民政府应当加强对安全生产工作的领导，支持、督促各有关部门依法履行安全生产监督管理职责，建立健全安全生产工作协调机制，及时协调、解决安全生产监督管理中存在的重大问题。

乡、镇人民政府以及街道办事处、开发区管理机构等地方人民政府的派出机关应当按照职责，加强对本行政区域内生产经营单位安全生产状况的监督检查，协助上级人民政府有关部门依法履行安全生产监督管理职责。

**第九条**　国务院安全生产监督管理部门依照本法，对全国安全生产工作实施综合监督管理；县级以上地方各级人民政府安全生产监督管理部门依照本法，对本行政区域内安全生产工作实施综合监督管理。

国务院有关部门依照本法和其他有关法律、行政法规的规定，在各自的职责范围内对有关行业、领域的安全生产工作实施监督管理；县级以上地方各级人民政府有关部门依照本法和其他有关法律、法规的规定，在各自的职责范围内对有关行业、领域的安全生产工作实施监督管理。

安全生产监督管理部门和对有关行业、领域的安全生产工作实施监督管理的部门，统称负有安全生产监督管理职责的部门。

**第十条**　国务院有关部门应当按照保障安全生产的要求，依法及时制定有关的国家标准或者行业标准，并根据科技进步和经济发展适时修订。

生产经营单位必须执行依法制定的保障安全生产的国家标准或者行业标准。

**第十一条**　各级人民政府及其有关部门应当采取多种形式，加强对有关安全生产的法律、法规和安全生产知识的宣传，增强全社会的安全生产意识。

**第十二条**　有关协会组织依照法律、行政法规和章程，为生产经营单位提供安全生产方面的信息、培训等服务，发挥自律作用，促进生产经营单位加强安全生产管理。

**第十三条**　依法设立的为安全生产提供技术、管理服务的机构，依照法律、行政法规和执业准则，接受生产经营单位的委托为其安全生产工作提供技术、管理服务。

生产经营单位委托前款规定的机构提供安全生产技术、管理服务的，保证安全生产的责任仍由本单位负责。

**第十四条**　国家实行生产安全事故责任追究制度，依照本法和有关法律、法规的规定，追究生产安全事故责任人员的法律责任。

**第十五条**　国家鼓励和支持安全生产科学技术研究和安全生产先进技术的推广应用，提高安全生产水平。

**第十六条**　国家对在改善安全生产条件、防止生产安全事故、参加抢险救护等方面取得显著成绩的单位和个人，给予奖励。

## 第二章　生产经营单位的安全生产保障

**第十七条**　生产经营单位应当具备本法和有关法律、行政法规和国家标准或者行业标准规定的安全生产条件；不具备安全生产条件的，不得从事生产经营活动。

**第十八条**　生产经营单位的主要负责人对本单位安全生产工作负有下列职责：

（一）建立、健全本单位安全生产责任制；

（二）组织制定本单位安全生产规章制度和操作规程；

（三）组织制定并实施本单位安全生产教育和培训计划；

（四）保证本单位安全生产投入的有效实施：

（五）督促、检查本单位的安全生产工作，及时消除生产安全事故隐患；

（六）组织制定并实施本单位的生产安全事故应急救援预案；

（七）及时、如实报告生产安全事故。

**第十九条** 生产经营单位的安全生产责任制应当明确各岗位的责任人员、责任范围和考核标准等内容。

生产经营单位应当建立相应的机制，加强对安全生产责任制落实情况的监督考核，保证安全生产责任制的落实。

**第二十条** 生产经营单位应当具备的安全生产条件所必需的资金投入，由生产经营单位的决策机构、主要负责人或者个人经营的投资人予以保证，并对由于安全生产所必需的资金投入不足导致的后果承担责任。

有关生产经营单位应当按照规定提取和使用安全生产费用，专门用于改善安全生产条件。安全生产费用在成本中据实列支。安全生产费用提取、使用和监督管理的具体办法由国务院财政部门会同国务院安全生产监督管理部门征求国务院有关部门意见后制定。

**第二十一条** 矿山、金属冶炼、建筑施工、道路运输单位和危险物品的生产、经营、储存单位，应当设置安全生产管理机构或者配备专职安全生产管理人员。

前款规定以外的其他生产经营单位，从业人员超过一百人的，应当设置安全生产管理机构或者配备专职安全生产管理人员；从业人员在一百人以下的，应当配备专职或者兼职的安全生产管理人员。

**第二十二条** 生产经营单位的安全生产管理机构以及安全生产管理人员履行下列职责：

（一）组织或者参与拟订本单位安全生产规章制度、操作规程和生产安全事故应急救援预案；

（二）组织或者参与本单位安全生产教育和培训，如实记录安全生产教育和培训情况；

（三）督促落实本单位重大危险源的安全管理措施；

（四）组织或者参与本单位应急救援演练；

（五）检查本单位的安全生产状况，及时排查生产安全事故隐患，提出改进安全生产管理的建议；

（六）制止和纠正违章指挥、强令冒险作业、违反操作规程的行为；

（七）督促落实本单位安全生产整改措施。

**第二十三条** 生产经营单位的安全生产管理机构以及安全生产管理人员应当恪尽职守，依法履行职责。

生产经营单位做出涉及安全生产的经营决策，应当听取安全生产管理机构以及安全生产管理人员的意见，生产经营单位不得因安全生产管理人员依法履行职责而降低其工资、福利等待遇或者解除与其订立的劳动合同。

危险物品的生产、储存单位以及矿山、金属冶炼单位的安全生产管理人员的任免，应当告知主管的负有安全生产监督管理职责的部门。

**第二十四条** 生产经营单位的主要负责人和安全生产管理人员必须具备与本单位所从

事的生产经营活动相应的安全生产知识和管理能力。

危险物品的生产、经营、储存单位以及矿山、金属冶炼、建筑施工、道路运输单位的主要负责人和安全生产管理人员，应当由主管的负有安全生产监督管理职责的部门对其安全生产知识和管理能力考核合格。考核不得收费。

危险物品的生产、储存单位以及矿山、金属冶炼单位应当有注册安全工程师从事安全生产管理工作。鼓励其他生产经营单位聘用注册安全工程师从事安全生产管理工作。注册安全工程师按专业分类管理，具体办法由国务院人力资源和社会保障部门、国务院安全生产监督管理部门会同国务院有关部门制定。

**第二十五条**　生产经营单位应当对从业人员进行安全生产教育和培训，保证从业人员具备必要的安全生产知识，熟悉有关的安全生产规章制度和安全操作规程，掌握本岗位的安全操作技能，了解事故应急处理措施，知悉自身在安全生产方面的权利和义务。未经安全生产教育和培训合格的从业人员，不得上岗作业。

生产经营单位使用被派遣劳动者的，应当将被派遣劳动者纳入本单位从业人员统一管理，对被派遣劳动者进行岗位安全操作规程和安全操作技能的教育和培训。劳务派遣单位应当对被派遣劳动者进行必要的安全生产教育和培训。

生产经营单位接收中等职业学校、高等学校学生实习的，应当对实习学生进行相应的安全生产教育和培训，提供必要的劳动防护用品，学校应当协助生产经营单位对实习学生进行安全生产教育和培训。

生产经营单位应当建立安全生产教育和培训档案，如实记录安全生产教育和培训的时间、内容、参加人员以及考核结果等情况。

**第二十六条**　生产经营单位采用新工艺、新技术、新材料或者使用新设备，必须了解、掌握其安全技术特性，采取有效的安全防护措施，并对从业人员进行专门的安全生产教育和培训。

**第二十七条**　生产经营单位的特种作业人员必须按照国家有关规定经专门的安全作业培训，取得相应资格，方可上岗作业。

特种作业人员的范围由国务院安全生产监督管理部门会同国务院有关部门确定。

**第二十八条**　生产经营单位新建、改建、扩建工程项目（以下统称建设项目）的安全设施，必须与主体工程同时设计、同时施工、同时投入生产和使用。安全设施投资应当纳入建设项目概算。

**第二十九条**　矿山、金属冶炼建设项目和用于生产、储存、装卸危险物品的建设项目，应当按照国家有关规定进行安全评价。

**第三十条**　建设项目安全设施的设计人、设计单位应当对安全设施设计负责。

矿山、金属冶炼建设项目和用于生产、储存、装卸危险物品的建设项目的安全设施设计应当按照国家有关规定报经有关部门审查，审查部门及其负责审查的人员对审查结果负责。

**第三十一条**　矿山、金属冶炼建设项目和用于生产、储存、装卸危险物品的建设项目的施工单位必须按照批准的安全设施设计施工，并对安全设施的工程质量负责。

矿山、金属冶炼建设项目和用于生产、储存危险物品的建设项目竣工投入生产或者使用前，应当由建设单位负责组织对安全设施进行验收；验收合格后，方可投入生产和使用。安全生产监督管理部门应当加强对建设单位验收活动和验收结果的监督核查。

**第三十二条** 生产经营单位应当在有较大危险因素的生产经营场所和有关设施、设备上，设置明显的安全警示标志。

**第三十三条** 安全设备的设计、制造、安装、使用、检测、维修、改造和报废，应当符合国家标准或者行业标准。

生产经营单位必须对安全设备进行经常性维护、保养，并定期检测，保证正常运转。维护、保养、检测应当作好记录，并由有关人员签字。

**第三十四条** 生产经营单位使用的危险物品的容器、运输工具，以及涉及人身安全、危险性较大的海洋石油开采特种设备和矿山井下特种设备，必须按照国家有关规定，由专业生产单位生产，并经具有专业资质的检测、检验机构检测、检验合格，取得安全使用证或者安全标志，方可投入使用。检测、检验机构对检测、检验结果负责。

**第三十五条** 国家对严重危及生产安全的工艺、设备实行淘汰制度，具体目录由国务院安全生产监督管理部门会同国务院有关部门制定并公布，法律、行政法规对目录的制定另有规定的，适用其规定。

省、自治区、直辖市人民政府可以根据本地区实际情况制定并公布具体目录，对前款规定以外的危及生产安全的工艺、设备予以淘汰。

生产经营单位不得使用应当淘汰的危及生产安全的工艺、设备。

**第三十六条** 生产、经营、运输、储存、使用危险物品或者处置废弃危险物品的，由有关主管部门依照有关法律、法规的规定和国家标准或者行业标准审批并实施监督管理。

生产经营单位生产、经营、运输、储存、使用危险物品或者处置废弃危险物品，必须执行有关法律、法规和国家标准或者行业标准，建立专门的安全管理制度，采取可靠的安全措施，接受有关主管部门依法实施的监督管理。

**第三十七条** 生产经营单位对重大危险源应当登记建档，进行定期检测、评估、监控，并制定应急预案，告知从业人员和相关人员在紧急情况下应当采取的应急措施。生产经营单位应当按照国家有关规定将本单位重大危险源及有关安全措施、应急措施报有关地方人民政府安全生产监督管理部门和有关部门备案。

**第三十八条** 生产经营单位应当建立健全生产安全事故隐患排查治理制度，采取技术、管理措施，及时发现并消除事故隐患。事故隐患排查治理情况应当如实记录，并向从业人员通报。

县级以上地方各级人民政府负有安全生产监督管理职责的部门应当建立健全重大事故隐患治理督办制度，督促生产经营单位消除重大事故隐患。

**第三十九条** 生产、经营、储存、使用危险物品的车间、商店、仓库不得与员工宿舍在同一座建筑物内，并应当与员工宿舍保持安全距离。

生产经营场所和员工宿舍应当设有符合紧急疏散要求、标志明显、保持畅通的出口。禁止锁闭、封堵生产经营场所或者员工宿舍的出口。

**第四十条** 生产经营单位进行爆破、吊装以及国务院安全生产监督管理部门会同国务院有关部门规定的其他危险作业，应当安排专门人员进行现场安全管理，确保操作规程的遵守和安全措施的落实。

**第四十一条** 生产经营单位应当教育和督促从业人员严格执行本单位的安全生产规章制度和安全操作规程；并向从业人员如实告知作业场所和工作岗位存在的危险因素、防范措施以及事故应急措施。

**第四十二条**　生产经营单位必须为从业人员提供符合国家标准或者行业标准的劳动防护用品，并监督、教育从业人员按照使用规则佩戴、使用。

**第四十三条**　生产经营单位的安全生产管理人员应当根据本单位的生产经营特点，对安全生产状况进行经常性检查；对检查中发现的安全问题，应当立即处理；不能处理的，应当及时报告本单位有关负责人，有关负责人应当及时处理。检查及处理情况应当如实记录在案。

生产经营单位的安全生产管理人员在检查中发现重大事故隐患，依照前款规定向本单位有关负责人报告，有关负责人不及时处理的，安全生产管理人员可以向主管的负有安全生产监督管理职责的部门报告，接到报告的部门应当依法及时处理。

**第四十四条**　生产经营单位应当安排用于配备劳动防护用品、进行安全生产培训的经费。

**第四十五条**　两个以上生产经营单位在同一作业区域内进行生产经营活动，可能危及对方生产安全的，应当签订安全生产管理协议，明确各自的安全生产管理职责和应当采取的安全措施，并指定专职安全生产管理人员进行安全检查与协调。

**第四十六条**　生产经营单位不得将生产经营项目、场所、设备发包或者出租给不具备安全生产条件或者相应资质的单位或者个人。

生产经营项目、场所发包或者出租给其他单位的，生产经营单位应当与承包单位、承租单位签订专门的安全生产管理协议，或者在承包合同、租赁合同中约定各自的安全生产管理职责；生产经营单位对承包单位、承租单位的安全生产工作统一协调、管理，定期进行安全检查，发现安全问题的，应当及时督促整改。

**第四十七条**　生产经营单位发生生产安全事故时，单位的主要负责人应当立即组织抢救，并不得在事故调查处理期间擅离职守。

**第四十八条**　生产经营单位必须依法参加工伤保险，为从业人员缴纳保险费。

国家鼓励生产经营单位投保安全生产责任保险。

## 第三章　从业人员的安全生产权利义务

**第四十九条**　生产经营单位与从业人员订立的劳动合同，应当载明有关保障从业人员劳动安全、防止职业危害的事项，以及依法为从业人员办理工伤保险的事项。

生产经营单位不得以任何形式与从业人员订立协议，免除或者减轻其对从业人员因生产安全事故伤亡依法应承担的责任。

**第五十条**　生产经营单位的从业人员有权了解其作业场所和工作岗位存在的危险因素、防范措施及事故应急措施，有权对本单位的安全生产工作提出建议。

**第五十一条**　从业人员有权对本单位安全生产工作中存在的问题提出批评、检举、控告；有权拒绝违章指挥和强令冒险作业。

生产经营单位不得因从业人员对本单位安全生产工作提出批评、检举、控告或者拒绝违章指挥、强令冒险作业而降低其工资、福利等待遇或者解除与其订立的劳动合同。

**第五十二条**　从业人员发现直接危及人身安全的紧急情况时，有权停止作业或者在采取可能的应急措施后撤离作业场所。

生产经营单位不得因从业人员在前款紧急情况下停止作业或者采取紧急撤离措施而降

低其工资、福利等待遇或者解除与其订立的劳动合同。

**第五十三条** 因生产安全事故受到损害的从业人员，除依法享有工伤保险外，依照有关民事法律尚有获得赔偿的权利的，有权向本单位提出赔偿要求。

**第五十四条** 从业人员在作业过程中，应当严格遵守本单位的安全生产规章制度和操作规程，服从管理，正确佩戴和使用劳动防护用品。

**第五十五条** 从业人员应当接受安全生产教育和培训，掌握本职工作所需的安全生产知识，提高安全生产技能，增强事故预防和应急处理能力。

**第五十六条** 从业人员发现事故隐患或者其他不安全因素，应当立即向现场安全生产管理人员或者本单位负责人报告；接到报告的人员应当及时予以处理。

**第五十七条** 工会有权对建设项目的安全设施与主体工程同时设计、同时施工、同时投入生产和使用进行监督，提出意见。

工会对生产经营单位违反安全生产法律、法规，侵犯从业人员合法权益的行为，有权要求纠正；发现生产经营单位违章指挥、强令冒险作业或者发现事故隐患时，有权提出解决的建议。生产经营单位应当及时研究答复；发现危及从业人员生命安全的情况时，有权向生产经营单位建议组织从业人员撤离危险场所，生产经营单位必须立即作出处理。

工会有权依法参加事故调查，向有关部门提出处理意见，并要求追究有关人员的责任。

**第五十八条** 生产经营单位使用被派遣劳动者的，被派遣劳动者享有本法规定的从业人员的权利，并应当履行本法规定的从业人员的义务。

## 第四章 安全生产的监督管理

**第五十九条** 县级以上地方各级人民政府应当根据本行政区域内的安全生产状况，组织有关部门按照职责分工，对本行政区域内容易发生重大生产安全事故的生产经营单位进行严格检查。

安全生产监督管理部门应当按照分类分级监督管理的要求，制定安全生产年度监督检查计划，并按照年度监督检查计划进行监督检查，发现事故隐患，应当及时处理。

**第六十条** 负有安全生产监督管理职责的部门依照有关法律、法规的规定，对涉及安全生产的事项需要审查批准（包括批准、核准、许可、注册、认证、颁发证照等，下同）或者验收的，必须严格依照有关法律、法规和国家标准或者行业标准规定的安全生产条件和程序进行审查；不符合有关法律、法规和国家标准或者行业标准规定的安全生产条件的，不得批准或者验收通过。对未依法取得批准或者验收合格的单位擅自从事有关活动的，负责行政审批的部门发现或者接到举报后应当立即予以取缔，并依法予以处理。对已经依法取得批准的单位，负责行政审批的部门发现其不再具备安全生产条件的，应当撤销原批准。

**第六十一条** 负有安全生产监督管理职责的部门对涉及安全生产的事项进行审查、验收，不得收取费用；不得要求接受审查、验收的单位购买其指定品牌或者指定生产、销售单位的安全设备、器材或者其他产品。

**第六十二条** 安全生产监督管理部门和其他负有安全生产监督管理职责的部门依法开展安全生产行政执法工作，对生产经营单位执行有关安全生产的法律、法规和国家标准或者行业标准的情况进行监督检查，行使以下职权：

（一）进入生产经营单位进行检查，调阅有关资料，向有关单位和人员了解情况；

（二）对检查中发现的安全生产违法行为，当场予以纠正或者要求限期改正；对依法应当给予行政处罚的行为，依照本法和其他有关法律、行政法规的规定作出行政处罚决定；

（三）对检查中发现的事故隐患，应当责令立即排除；重大事故隐患排除前或者排除过程中无法保证安全的，应当责令从危险区域内撤出作业人员，责令暂时停产停业或者停止使用相关设施、设备；重大事故隐患排除后，经审查同意，方可恢复生产经营和使用；

（四）对有根据认为不符合保障安全生产的国家标准或者行业标准的设施、设备、器材以及违法生产、储存、使用、经营、运输的危险物品予以查封或者扣押，对违法生产、储存、使用、经营危险物品的作业场所予以查封，并依法作出处理决定。

**第六十三条**　生产经营单位对负有安全生产监督管理职责的部门的监督检查人员（以下统称安全生产监督检查人员）依法履行监督检查职责，应当予以配合，不得拒绝、阻挠。

**第六十四条**　安全生产监督检查人员应当忠于职守，坚持原则，秉公执法。

安全生产监督检查人员执行监督检查任务时，必须出示有效的监督执法证件；对涉及被检查单位的技术秘密和业务秘密，应当为其保密。

**第六十五条**　安全生产监督检查人员应当将检查的时间、地点、内容、发现的问题及其处理情况，做出书面记录，并由检查人员和被检查单位的负责人签字；被检查单位的负责人拒绝签字的，检查人员应当将情况记录在案，并向负有安全生产监督管理职责的部门报告。

**第六十六条**　负有安全生产监督管理职责的部门在监督检查中，应当互相配合，实行联合检查；确需分别进行检查的，应当互通情况，发现存在的安全问题应当由其他有关部门进行处理的，应当及时移送其他有关部门并形成记录备查，接受移送的部门应当及时进行处理。

**第六十七条**　负有安全生产监督管理职责的部门依法对存在重大事故隐患的生产经营单位做出停产、停业、停止施工、停止使用相关设施或者设备的决定，生产经营单位应当依法执行，及时消除事故隐患。生产经营单位拒不执行，有发生生产安全事故的现实危险的，在保证安全的前提下，经本部门主要负责人批准，负有安全生产监督管理职责的部门可以采取通知有关单位停止供电、停止供应民用爆炸物品等措施，强制生产经营单位履行决定。通知应当采用书面形式，有关单位应当予以配合。

负有安全生产监督管理职责的部门依照前款规定采取停止供电措施，除有危及生产安全的紧急情形外，应当提前二十四小时通知生产经营单位。生产经营单位依法履行行政决定、采取相应措施消除事故隐患的，负有安全生产监督管理职责的部门应当及时解除前款规定的措施。

**第六十八条**　监察机关依照行政监察法的规定，对负有安全生产监督管理职责的部门及其工作人员履行安全生产监督管理职责实施监察。

**第六十九条**　承担安全评价、认证、检测、检验的机构应当具备国家规定的资质条件，并对其做出的安全评价、认证、检测、检验的结果负责。

**第七十条**　负有安全生产监督管理职责的部门应当建立举报制度，公开举报电话、信箱或者电子邮件地址，受理有关安全生产的举报。受理的举报事项经调查核实后，应当形成书面材料；需要落实整改措施的，报经有关负责人签字并督促落实。

**第七十一条**　任何单位或者个人对事故隐患或者安全生产违法行为，均有权向负有安全生产监督管理职责的部门报告或者举报。

**第七十二条**　居民委员会、村民委员会发现其所在区域内的生产经营单位存在事故隐患或者安全生产违法行为时，应当向当地人民政府或者有关部门报告。

**第七十三条** 县级以上各级人民政府及其有关部门对报告重大事故隐患或者举报安全生产违法行为的有功人员，给予奖励。具体奖励办法由国务院安全生产监督管理部门会同国务院财政部门制定。

**第七十四条** 新闻、出版、广播、电影、电视等单位有进行安全生产公益宣传教育的义务，有对违反安全生产法律、法规的行为进行舆论监督的权利。

**第七十五条** 负有安全生产监督管理职责的部门应当建立安全生产违法行为信息库，如实记录生产经营单位的安全生产违法行为信息；对违法行为情节严重的生产经营单位，应当向社会公告，并通报行业主管部门、投资主管部门、国土资源主管部门、证券监督管理机构以及有关金融机构。

## 第五章 生产安全事故的应急救援与调查处理

**第七十六条** 国家加强生产安全事故应急能力建设，在重点行业、领域建立应急救援基地和应急救援队伍，鼓励生产经营单位和其他社会力量建立应急救援队伍，配备相应的应急救援装备和物资，提高应急救援的专业化水平。

国务院安全生产监督管理部门建立全国统一的生产安全事故应急救援信息系统，国务院有关部门建立健全相关行业、领域的生产安全事故应急救援信息系统。

**第七十七条** 县级以上地方各级人民政府应当组织有关部门制定本行政区域内生产安全事故应急救援预案，建立应急救援体系。

**第七十八条** 生产经营单位应当制定本单位生产安全事故应急救援预案，与所在地县级以上地方人民政府组织制定的生产安全事故应急救援预案相衔接，并定期组织演练。

**第七十九条** 危险物品的生产、经营、储存单位以及矿山、金属冶炼、城市轨道交通运营、建筑施工单位应当建立应急救援组织；生产经营规模较小的，可以不建立应急救援组织，但应当指定兼职的应急救援人员。

危险物品的生产、经营、储存、运输单位以及矿山、金属冶炼、城市轨道交通运营、建筑施工单位应当配备必要的应急救援器材、设备和物资，并进行经常性维护、保养，保证正常运转。

**第八十条** 生产经营单位发生生产安全事故后，事故现场有关人员应当立即报告本单位负责人。

单位负责人接到事故报告后，应当迅速采取有效措施，组织抢救，防止事故扩大，减少人员伤亡和财产损失，并按照国家有关规定立即如实报告当地负有安全生产监督管理职责的部门，不得隐瞒不报、谎报或者迟报，不得故意破坏事故现场、毁灭有关证据。

**第八十一条** 负有安全生产监督管理职责的部门接到事故报告后，应当立即按照国家有关规定上报事故情况。负有安全生产监督管理职责的部门和有关地方人民政府对事故情况不得隐瞒不报、谎报或者迟报。

**第八十二条** 有关地方人民政府和负有安全生产监督管理职责的部门的负责人接到生产安全事故报告后，应当按照生产安全事故应急救援预案的要求立即赶到事故现场，组织事故抢救。

参与事故抢救的部门和单位应当服从统一指挥，加强协同联动，采取有效的应急救援措施，并根据事故救援的需要采取警戒、疏散等措施，防止事故扩大和次生灾害的发生，减少人员伤亡和财产损失。

事故抢救过程中应当采取必要措施，避免或者减少对环境造成的危害。任何单位和个人都应当支持、配合事故抢救，并提供一切便利条件。

**第八十三条**　事故调查处理应当按照科学严谨、依法依规、实事求是、注重实效的原则，及时、准确地查清事故原因，查明事故性质和责任，总结事故教训，提出整改措施，并对事故责任者提出处理意见事故调查报告应当依法及时向社会公布事故调查和处理的具体办法由国务院制定。

事故发生单位应当及时全面落实整改措施，负有安全生产监督管理职责的部门应当加强监督检查。

**第八十四条**　生产经营单位发生生产安全事故，经调查确定为责任事故的，除了应当查明事故单位的责任并依法予以追究外，还应当查明对安全生产的有关事项负有审查批准和监督职责的行政部门的责任，对有失职、渎职行为的，依照本法第八十七条的规定追究法律责任。

**第八十五条**　任何单位和个人不得阻挠和干涉对事故的依法调查处理。

**第八十六条**　县级以上地方各级人民政府安全生产监督管理部门应当定期统计分析本行政区域内发生生产安全事故的情况，并定期向社会公布。

## 第六章　法律责任

**第八十七条**　负有安全生产监督管理职责的部门的工作人员，有下列行为之一的，给予降级或者撤职的处分：构成犯罪的，依照刑法有关规定追究刑事责任：

（一）对不符合法定安全生产条件的涉及安全生产的事项予以批准或者验收通过的；

（二）发现未依法取得批准、验收的单位私自从事有关活动或者接到举报后不予取缔或者不依法予以处理的；

（三）对已经依法取得批准的单位不履行监督管理职责，发现其不再具备安全生产条件而不撤销原批准或者发现安全生产违法行为不予查处的；

（四）在监督检查中发现重大事故隐患，不依法及时处理的负有安全生产监督管理职责的部门的工作人员有前款规定以外的滥用职权、玩忽职守、徇私舞弊行为的，依法给予处分；构成犯罪的，依照刑法有关规定追究刑事责任。

**第八十八条**　负有安全生产监督管理职责的部门，要求被审查、验收的单位购买其指定的安全设备、器材或者其他产品的，在对安全生产事项的审查、验收中收取费用的，由其上级机关或者监察机关责令改正，责令退还收取的费用；情节严重的，对直接负责的主管人员和其他直接责任人员依法给予处分。

**第八十九条**　承担安全评价、认证、检测、检验工作的机构，出具虚假证明的，没收违法所得；违法所得在十万元以上的，并处违法所得二倍以上五倍以下的罚款；没有违法所得或者违法所得不足十万元的，单处或者并处十万元以上二十万元以下的罚款：对负有直接责任的工作人员和其他直接责任人员处二万元以上五万元以下的罚款；给他人造成损害的，与生产经营单位承担连带赔偿责任；构成犯罪的，依照刑法有关规定追究刑事责任。对有前款违法行为的机构，吊销其相应资质。

**第九十条** 生产经营单位的决策机构、主要负责人或者个人经营的投资人不依照本法规定保证安全生产所必需的资金投入，致使生产经营单位不具备安全生产条件的，责令限期改正，提供必需的资金；逾期未改正的，责令生产经营单位停产停业整顿。有前款违法行为，导致发生生产安全事故的，对生产经营单位的主要负责人给予撤职处分，对个人经营的投资人处二万元以上二十万元以下的罚款；构成犯罪的，依照刑法有关规定追究刑事责任。

**第九十一条** 生产经营单位的主要负责人未履行本法规定的安全生产管理职责的，责令限期改正；逾期未改正的，处二万元以上五万元以下的罚款，责令生产经营单位停产停业整顿。生产经营单位的主要负责人有前款违法行为，导致发生生产安全事故的，给予撤职处分；构成犯罪的，依照刑法有关规定追究刑事责任。

生产经营单位的主要负责人依照前款规定受刑事处罚或者撤职处分的，自刑罚执行完毕或者受处分之日起，五年内不得担任任何生产经营单位的主要负责人；对重大、特别重大生产安全事故负有责任的，终身不得担任本行业生产经营单位的主要负责人。

**第九十二条** 生产经营单位的主要负责人未履行本法规定的安全生产管理职责，导致发生生产安全事故的，由安全生产监督管理部门依照下列规定处以罚款：

（一）发生一般事故的，处上一年年收入百分之三十的罚款；

（二）发生较大事故的，处上一年年收入百分之四十的罚款；

（三）发生重大事故的，处上一年年收入百分之六十的罚款；

（四）发生特别重大事故的，处上一年年收入百分之八十的罚款。

**第九十三条** 生产经营单位的安全生产管理人员未履行本法规定的安全生产管理职责的，责令限期改正；导致发生生产安全事故的，暂停或者撤销其与安全生产有关的资格，构成犯罪的，依照刑法有关规定追究刑事责任。

**第九十四条** 生产经营单位有下列行为之一的，责令限期改正，可以处五万元以下的罚款；逾期未改正的，责令停产停业整顿，并处五万元以上十万元以下的罚款，对其直接负责的主管人员和其他直接责任人员处一万元以上二万元以下的罚款：

（一）未按照规定设置安全生产管理机构或者配备安全生产管理人员的；

（二）危险物品的生产、经营、储存单位以及矿山、金属冶炼、建筑施工、道路运输单位的主要负责人和安全生产管理人员未按照规定经考核合格的；

（三）未按照规定对从业人员、被派遣劳动者、实习学生进行安全生产教育和培训，或者未按照规定如实告知有关的安全生产事项的；

（四）未如实记录安全生产教育和培训情况的；

（五）未将事故隐患排查治理情况如实记录或者未向从业人员通报的；

（六）未按照规定制定生产安全事故应急救援预案或者未定期组织演练的；

（七）特种作业人员未按照规定经专门的安全作业培训并取得相应资格，上岗作业的。

**第九十五条** 生产经营单位有下列行为之一的，责令停止建设或者停产停业整顿，限期改正；逾期未改正的，处五十万元以上一百万元以下的罚款，对其直接负责的主管人员和其他直接责任人员处二万元以上五万元以下的罚款；构成犯罪的，依照刑法有关规定追究刑事责任：

（一）未按照规定对矿山、金属冶炼建设项目或者用于生产、储存、装卸危险物品的建设项目进行安全评价的；

（二）矿山、金属冶炼建设项目或者用于生产、储存、装卸危险物品的建设项目，没有安全设施设计或者安全设施设计，未按照规定报经有关部门审查同意的；

（三）矿山、金属冶炼建设项目或者用于生产、储存、装卸危险物品的建设项目的施工单位未按照批准的安全设施设计施工的；

（四）矿山、金属冶炼建设项目或者用于生产、储存危险物品的建设项目竣工投入生产或者使用前，安全设施未经验收合格的。

**第九十六条**　生产经营单位有下列行为之一的，责令限期改正，可以处五万元以下的罚款；逾期未改正的，处五万元以上二十万元以下的罚款；对其直接负责的主管人员和其他直接责任人员处一万元以上二万元以下的罚款；情节严重的，责令停产、停业整顿；构成犯罪的，依照刑法有关规定追究刑事责任：

（一）未在有较大危险因素的生产经营场所和有关设施、设备上设置明显的安全警示标志的；

（二）安全设备的安装、使用、检测、改造和报废不符合国家标准或者行业标准的；

（三）未对安全设备进行经常性维护、保养和定期检测的；

（四）未为从业人员提供符合国家标准或者行业标准的劳动防护用品的；

（五）危险物品的容器、运输工具，以及涉及人身安全、危险性较大的海洋石油开采、特种设备和矿山井下特种设备，未经具有专业资质的机构检测、检验合格，取得安全使用证或者安全标志，投入使用的；

（六）使用应当淘汰的危及生产安全的工艺、设备的。

**第九十七条**　未经依法批准，擅自生产、经营、运输、储存、使用危险物品或者处置废弃危险物品的，依照有关危险物品安全管理的法律、行政法规的规定予以处罚；构成犯罪的，依照刑法有关规定追究刑事责任。

**第九十八条**　生产经营单位有下列行为之一的，责令限期改正，可以处十万元以下的罚款；逾期未改正的，责令停产停业整顿，并处十万元以上二十万元以下的罚款，对其直接负责的主管人员和其他直接责任人员处二万元以上五万元以下的罚款；构成犯罪的，依照刑法有关规定追究刑事责任。

（一）生产、经营、运输、储存、使用危险物品或者处置废弃危险物品，未建立专门安全管理制度、未采取可靠的安全措施的；

（二）对重大危险源未登记建档，或者未进行评估、监控，或者未制定应急预案的；

（三）进行爆破、吊装以及国务院安全生产监督管理部门会同国务院有关部门规定的其他危险作业，未安排专门人员进行现场安全管理的；

（四）未建立事故隐患排查治理制度的。

**第九十九条**　生产经营单位未采取措施消除事故隐患的，责令立即消除或者限期消除；生产经营单位拒不执行的，责令停产停业整顿，并处十万元以上五十万元以下的罚款，对其直接负责的主管人员和其他直接责任人员处二万元以上五万元以下的罚款。

**第一百条**　生产经营单位将生产经营项目、场所、设备发包或者出租给不具备安全生产条件或者相应资质的单位或者个人的，责令限期改正，没收违法所得；违法所得十万元以上的，并处违法所得二倍以上五倍以下的罚款；没有违法所得或者违法所得不足十万元的，单处或者并处十万元以上二十万元以下的罚款；对其直接负责的主管人员和其他直接责任人员处一万元以上二万元以下的罚款；导致发生生产安全事故给他人造成损害的，与承包方、承租方承担连带赔偿责任。

生产经营单位未与承包单位、承租单位签订专门的安全生产管理协议或者未在承包合同、租赁合同中明确各自的安全生产管理职责，或者未对承包单位、承租单位的安全生产统一协调、管理的，责令限期改正，可以处五万元以下的罚款，对其直接负责的主管人员和其他直接责任人员可以处一万元以下的罚款；逾期未改正的，责令停产停业整顿。

**第一百零一条** 两个以上生产经营单位在同一作业区域内进行可能危及对方安全生产的生产经营活动，未签订安全生产管理协议或者未指定专职安全生产管理人员进行安全检查与协调的，责令限期改正，可以处五万元以下的罚款，对其直接负责的主管人员和其他直接责任人员可以处一万元以下的罚款；逾期未改正的，责令停产停业。

**第一百零二条** 生产经营单位有下列行为之一的，责令限期改正，可以处五万元以下的罚款，对其直接负责的主管人员和其他直接责任人员可以处一万元以下的罚款；逾期未改正的，责令停产停业整顿；构成犯罪的，依照刑法有关规定追究刑事责任：

生产、经营、储存、使用危险物品的车间、商店、仓库与员工宿舍在同一座建筑内，或者与员工宿舍的距离不符合安全要求的；

生产经营场所和员工宿舍未设有符合紧急疏散需要、标志明显、保持畅通的出口，或者锁闭、封堵生产经营场所或者员工宿舍出口的。

**第一百零三条** 生产经营单位与从业人员订立协议，免除或者减轻其对从业人员因生产安全事故伤亡依法应承担的责任的，该协议无效；对生产经营单位的主要负责人、个人经营的投资人处二万元以上十万元以下的罚款。

**第一百零四条** 生产经营单位的从业人员不服从管理，违反安全生产规章制度或者操作规程的，由生产经营单位给予批评教育，依照有关规章制度给予处分；构成犯罪的，依照刑法有关规定追究刑事责任。

**第一百零五条** 违反本法规定，生产经营单位拒绝、阻碍负有安全生产监督管理职责的部门依法实施监督检查的，责令改正，拒不改正的，处二万元以上二十万元以下的罚款；对其直接负责的主管人员和其他直接责任人员处一万元以上二万元以下的罚款；构成犯罪的，依照刑法有关规定追究刑事责任。

**第一百零六条** 生产经营单位的主要负责人在本单位发生生产安全事故时，不立即组织抢救或者在事故调查处理期间擅离职守或者逃匿的，给予降级、撤职的处分，并由安全生产监督管理部门处上一年年收入百分之六十至百分之一百的罚款；对逃匿的处十五日以下拘留；构成犯罪的，依照刑法有关规定追究刑事责任。

生产经营单位的主要负责人对生产安全事故隐瞒不报、谎报或者迟报的，依照前款规定处罚。

**第一百零七条** 有关地方人民政府、负有安全生产监督管理职责的部门，对生产安全事故隐瞒不报、谎报或者迟报的，对直接负责的主管人员和其他直接责任人员依法给予处分；构成犯罪的，依照刑法有关规定追究刑事责任。

**第一百零八条** 生产经营单位不具备本法和其他有关法律、行政法规和国家标准或者行业标准规定的安全生产条件，经停产停业整顿仍不具备安全生产条件的，予以关闭；有关部门应当依法吊销其有关证照。

**第一百零九条**　发生生产安全事故，对负有责任的生产经营单位除要求其依法承担相应的赔偿等责任外，由安全生产监督管理部门依照下列规定处以罚款：

发生一般事故的，处二十万元以上五十万元以下的罚款；

发生较大事故的，处五十万元以上一百万元以下的罚款；

发生重大事故的，处一百万元以上五百万元以下的罚款；

发生特别重大事故的，处五百万元以上一千万元以下的罚款；情节特别严重的，处一千万元以上二千万元以下的罚款。

**第一百一十条**　本法规定的行政处罚，由安全生产监督管理部门和其他负有安全生产监督管理职责的部门按照职责分工决定。予以关闭的行政处罚由负有安全生产监督管理职责的部门报请县级以上人民政府按照国务院规定的权限决定；给予拘留的行政处罚由公安机关依照治安管理处罚法的规定决定。

**第一百一十一条**　生产经营单位发生生产安全事故造成人员伤亡、他人财产损失的，应当依法承担赔偿责任；拒不承担或者其负责人逃匿的，由人民法院依法强制执行。

生产安全事故的责任人未依法承担赔偿责任，经人民法院依法采取执行措施后，仍不能对受害人给予足额赔偿的，应当继续履行赔偿义务；受害人发现责任人有其他财产的，可以随时请求人民法院执行。

## 第七章　附　　则

**第一百一十二条**　本法下列用语的含义：

危险物品，是指易燃易爆物品、危险化学品、放射性物品等能够危及人身安全和财产安全的物品。

重大危险源，是指长期地或者临时地生产、搬运、使用或者储存危险物品，且危险物品的数量等于或者超过临界量的单元（包括场所和设施）。

**第一百一十三条**　本法规定的生产安全一般事故、较大事故、重大事故、特别重大事故的划分标准由国务院规定。

国务院安全生产监督管理部门和其他负有安全生产监督管理职责的部门应当根据各自的职责分工，制定相关行业、领域重大事故隐患的判定标准。

**第一百一十四条**　本法自 2014 年 12 月 1 日起施行。

# 参考文献


[1] 刘介才. 工厂供电 [M]. 北京：机械工业出版社，2000.
[2] 李友文. 工厂供电 [M]. 北京：化学工业出版社，2001.
[3] 余健明. 供电技术 [M]. 北京：机械工业出版社，2001.
[4] 朱献清. 物业供用电 [M]. 北京：机械工业出版社，2003.
[5] 张莹. 工厂供配电技术 [M]. 北京：电子工业出版社，2003.
[6] 张秀华. 一种新型低压三相剩余电流动作保护器的研究 [D]. 西安：西安科技大学，2007.
[7] 江文，等. 供配电技术 [M]. 北京：机械工业出版社，2010.
[8] 张秀华，傅周兴. 新型低压漏电保护装置的研究 [J]. 低压电器，2008（5）：13－15.
[9] 张秀华，傅周兴. 新型低压三相剩余电流动作保护器研究 [J]. 煤炭学报，2008（7）：837－840.
[10] 张秀华. 矿用漏电报警器设计 [J]. 矿业研究与开发. 2010（6）：75－77.
[11] 李文森，张秀华. 矿用漏电报警器事故的可靠性分析[J]. 价值工程，2012（7）：75－76.
[12] Xiuhua ZHANG, Xiaodong HAN. Study on A New low-voltage Residual Current Protective System [J]. Advanced Materials Research，2013（3）：822－825.
[13]《中华人民共和国安全生产法》，2014.
[14] 张秀华. 一种低压电网绝缘检测方法的研究 [J]. 电器与能效管理技术，2014（7）：11－13+58.
[15] 魏召刚. 工业变频器原理及应用 [M]. 北京：电子工业出版社，2014.
[16] 张秀华. 低压剩余电流动作保护器的设计分析 [J]. 工矿自动化，2014（5）：27－29.
[17] 张秀华. 一种低压剩余电流隔离设计新方法 [J]. 电器与能效管理技术，2015（4）：25－28.
[18] 荆栋，张秀华，孙红亮. 配电网故障隔离装置设计[J]. 工矿自动化，2016（10）：56－60.
[19] 曲延昌，张秀华. 电力安装工程基础 [M]. 北京：北京理工大学出版社，2018.